普通高等院校地理信息科学教材

2022年中国地质大学(武汉)教学改革研究项目

时空大数据分析与挖掘

SHIKONG DASHUJU FENXI YU WAJUE

王永桂　罗增良　编著

图书在版编目(CIP)数据

时空大数据分析与挖掘/王永桂,罗增良编著.—武汉:中国地质大学出版社,2025.3.
—ISBN 978-7-5625-6175-0
Ⅰ.TP274
中国国家版本馆 CIP 数据核字第 2025ZH5097 号

时空大数据分析与挖掘	王永桂　罗增良　编著

责任编辑:王　敏	选题策划:王　敏	责任校对:徐蕾蕾

出版发行:中国地质大学出版社(武汉市洪山区鲁磨路388号)	邮编:430074
电　　话:(027)67883511 　　传　　真:(027)67883580	E-mail:cbb@cug.edu.cn
经　　销:全国新华书店	http://cugp.cug.edu.cn

开本:787mm×1092mm　1/16	字数:240千字	印张:9.5
版次:2025年3月第1版	印次:2025年3月第1次印刷	
印刷:荆州市精彩印刷有限公司		
ISBN 978-7-5625-6175-0		定价:46.00元

如有印装质量问题请与印刷厂联系调换

前言

在当今这个数据急剧膨胀的时代,伴随着物联网、移动互联网、卫星遥感等技术的迅猛发展,时空大数据已成为数字经济不可或缺的重要生产要素,是推动数字经济创新发展的核心驱动力。它蕴含着丰富的社会、经济与环境信息,如同桥梁般连接着物理世界与数字世界。作为大数据的一个重要分支,时空大数据是地理空间信息技术与新一代信息技术深度融合的产物,正引领着地理信息产业向时空智能的新纪元迈进,为地理信息产业乃至整个社会经济带来颠覆性的变革。

时空大数据分析与挖掘,是从浩瀚、多元、异构的时空数据中提炼有价值信息与模式的过程,是时空智能领域的关键核心技术。随着人工智能、机器学习等尖端技术的持续演进,时空大数据分析与挖掘正不断开拓新的研究路径与应用领域,展现出广阔的发展前景与社会价值。掌握这项技术,意味着能够深刻洞察城市运作、环境变化、人口迁徙等时空动态规律,为城市规划、灾害预警、资源配置、生态保护等领域提供科学依据与智能决策支撑。学习时空大数据分析与挖掘,不仅是紧跟科技趋势、提升个人竞争力的关键,更是推动社会可持续发展、促进国家治理体系和治理能力现代化的重要力量。

本书汇聚了笔者及其团队多年在时空大数据分析与挖掘教学与研究领域的成果,旨在全面、系统、深入地介绍时空大数据及其分析与挖掘技术。全书编排为 10 章内容:第 1 章概览数据与时空大数据的特性及其发展趋势;第 2 章和第 3 章讲解时空大数据的采集、存储、索引及查询技术,为后续的深入分析奠定基础;第 4 章专注于时空大数据分析的通用流程、数据预处理及模型评估的经典策略,为随后章节的学习提供了普遍适用的方法论基础;第 5 章至第 10 章着重介绍时空可视化、时空分类分析、时空聚类分析、时空关联分析、时空趋势分析及时空过程模拟的典型技术与算法原理,这是本书的重点与难点所在,同时也是课堂教学的核心内容。特别地,第 5 章至第 10 章配备 1~2 个本团队的实际研究案例,展示如何将理论方法应用于解决现实问题,这体现了本团队将科研成果转化为教学资源,反哺教学实践,实现理论与实践融合的实际举措。读者可以利用学到的方法及本书提供的配套数据资源,进行实操练习,从而深化对各项技术的理解与掌握。特别指出,基于神经网络的深度学习方法在分类与趋势预测等领域均有广泛应用,为避免重复,本书将其融入第 6 章时空分类中进行介绍,但这并不意味着深度学习方法仅限于时空分类应用。

本书编写分工明确:第 1 章至第 6 章及第 9 章由王永桂执笔,第 7 章、第 8 章及第 10 章的理论方法部分由罗增良撰写,案例则由两人共同完成。此外,李强、郭琰琪、张雅新、卓靖东、陈瑞凯、关国梁、王泓钧、杨素、许赞美、王楠、谢李孜、陈卓、李子琪、潘翠红、董雯雯、付含佳、耿肖静、牛钰婷、张达、高子超、王彬洁、李静、张世骏、党肖亚、张斯涵、胡嘉鑫、高颖颖、俞明哲等多位同仁对本书都有直接贡献,在此深表谢意。

在编写过程中,本书借助了 DeepSeek、文心一言、Kimi 和通义等大模型工具,并参考了知乎、CSDN 等技术平台上的博客文章及众多研究论文与书籍。鉴于参考文献众多,无法一一列举,仅列出部分主要文献,在此对所有参考文献作者表示诚挚的感谢。

本书相关成果得到了中国地质大学(武汉)教学改革项目"基于科研反哺教学的《时空大数据分析与挖掘》教学探索与实践"、教育部 2019 年第二批产学合作协同育人项目"面向新工科的时空大数据课程研究与建设"(201902286003)等课题的支持,感谢中国地质大学(武汉)地理与信息工程学院对本书出版的资助。

鉴于本书篇幅所限,加之时空大数据领域知识体系广博且分析与挖掘技术日新月异,难以全面详尽地逐一阐述。同时,受时间及笔者能力所限,书中可能存在不足之处,恳请广大读者批评指正,不吝赐教。

本书聚焦于介绍时空大数据分析中的经典与基础知识,旨在为读者开启一扇学习之门,起到抛砖引玉的作用。本书适宜作为时空大数据分析与挖掘、时空数据分析、空间数据分析等相关课程的本科生或研究生教材。若本书及配套课程能够引领读者踏上学习之旅,编者将深感荣幸与欣慰。

若在使用过程中碰到任何疑问,读者可加入 QQ 群(群号:581363182)进行咨询;同时,关于本书的配套资源及详细讲解,请关注我们的公众号进行查阅。

QQ 群

微信公众号

王永桂
2025 年 2 月于南望山

目 录
CONTENTS

第1章 绪 论 …………………………………………………………………………… (1)
    1.1 地理学科研范式 ………………………………………………………………… (1)
    1.2 数据与数据要素 ………………………………………………………………… (3)
    1.3 大数据与时空大数据 …………………………………………………………… (4)
    1.4 时空大数据的关键技术与要点 ………………………………………………… (6)

第2章 时空大数据采集与存储 ……………………………………………………… (8)
    2.1 时空数据采集与清洗 …………………………………………………………… (8)
    2.2 时空数据管理与存储 …………………………………………………………… (10)
    2.3 时空大数据库 …………………………………………………………………… (12)

第3章 时空大数据索引与查询 ……………………………………………………… (16)
    3.1 索引概述 ………………………………………………………………………… (16)
    3.2 关系数据库索引 ………………………………………………………………… (17)
    3.3 典型时空大数据索引与查询 …………………………………………………… (20)
    3.4 时空大数据查询 ………………………………………………………………… (27)

第4章 时空大数据分析与挖掘 ……………………………………………………… (31)
    4.1 基本概念 ………………………………………………………………………… (31)
    4.2 时空数据预处理 ………………………………………………………………… (32)
    4.3 时空特征提取 …………………………………………………………………… (34)
    4.4 分析与挖掘模型 ………………………………………………………………… (35)

第5章 时空可视化 …………………………………………………………………… (43)
    5.1 时空可视化概述 ………………………………………………………………… (43)
    5.2 时空可视化方法与工具 ………………………………………………………… (45)
    5.3 案例:长江流域水质时空异质性演变趋势 …………………………………… (52)

第6章 时空分类分析 ………………………………………………………………… (57)
    6.1 时空分类分析概述 ……………………………………………………………… (57)
    6.2 时空分类分析方法 ……………………………………………………………… (58)
    6.3 案例:基于CNN的海洋养殖区分类识别研究 ………………………………… (84)

第 7 章 时空聚类分析 ··· (89)

7.1 时空聚类分析概念 ··· (89)

7.2 时空聚类分析方法 ··· (89)

7.3 案例：中国水体污染物排放量空间分异性聚类研究 ··············· (94)

第 8 章 时空关联分析 ··· (98)

8.1 时空关联分析概念 ··· (98)

8.2 时空关联分析方法 ··· (98)

8.3 案例：基于地理探测器的流域水污染影响因素解析 ············· (103)

第 9 章 时空趋势分析 ·· (108)

9.1 时空趋势分析概念 ·· (108)

9.2 时空趋势分析方法 ·· (108)

9.3 案例：基于 PSOFD-LSTM 的短期降雨预测 ···················· (114)

第 10 章 时空过程模拟 ··· (118)

10.1 时空过程模拟概念 ··· (118)

10.2 地表过程模拟方法 ··· (119)

10.3 案例：水文过程与突发水污染过程模拟 ························ (131)

主要参考文献 ··· (140)

第 1 章 绪 论

时空大数据的崛起催生了新的科研模式,为地理学等领域的研究带来了深刻变革。掌握科研模式的发展脉络,并认识到在当前时代背景下,数据作为新质生产力要素的核心价值,对地理科学、遥感技术、测绘科学乃至统计学、计算机科学等多个学科的学习具有至关重要的意义。本章将围绕时空大数据的几个核心概念——数据、时空数据、时空大数据展开详细阐述,为后续章节的学习奠定基础。

1.1 地理学科研范式

1.1.1 科研范式

2021年3月,由国家自然科学基金委员会主办的"科研范式变革"专题研讨会在北京召开。大会指出,人工智能+大数据推动了科研范式变革,给我国的科学研究带来机遇与挑战。"范式"这一概念是由美国著名科学哲学家托马斯·库恩于1962年在《科学革命的结构》中提出来的,指的是常规科学所赖以运作的理论基础和实践规范,即在科学研究中,某种必须遵循的公认的模型或者模式,是常规科学的理论基础和实践规范,是研究者在从事科学研究时共同遵守的世界观和行为方式。科学研究范式是开展科学研究、建立科学体系、运用科学思想的坐标、参照系与基本方式,是科学体系的基本模式、基本结构与基本功能。它是从事某一科学的研究群体所共同遵从的世界观和行为方式。简而言之,研究范式就是科学群体在开展特定的领域研究时所共同遵守的准则。

在科学发展过程中,科研范式不是一成不变的。某一时期,总会存在一种主导范式,科学家在主导范式的指导下从事释疑活动,通过释疑活动推动科学的发展(常规科学即解难题)。在释疑活动过程中,一些新问题和新事物逐渐产生,当主导范式不能解释这些新问题或者新事物时,科学家将寻求既能解释旧范式的论据又能说明用旧范式无法解释的论据的更具备包容性的新范式,这时候建立新范式的科学革命随之产生。那么,人类科学史上经历了哪些科研范式呢?

2007年1月11日,图灵奖得主、关系型数据库鼻祖吉姆·格雷在加利福尼亚州山景城召开的 NRC-CSTB(National Research Council-Computer Science and Telecommunications Board)大会上发表了著名的演讲"科学方法的革命",提出将科学研究分为4类范式,包括实验归纳、理论推演、仿真模拟和数据密集型科学发现(即科学大数据)。这4类科研范式大致上经历了如下的过程。

(1) 经验范式(公元前2000年至18世纪):最早的科研以记录和描述自然现象为主要特征,可以称为实验科学时代,是人类科学的第一范式。实验科学时代跨度从最早期的人类通过观察自然火的特征发展出钻木取火的原始时代,到后来以伽利略(1564—1642年)为代表的文艺复兴时期直至18世纪,是人类科学发展的初级阶段。实验科学阶段偏重对经验事实的描述,很少进行抽象的理论概括,以归纳法为主。在研究过程中,主要采用先观察、再假说、最后开展实验进行验证的方法(如果实验结果与假设不符合,则修正假设重新实验)。如公元前4世纪,墨家著作《墨经》记载了世界上第一个小孔成倒像的实验,解释了小孔成倒像的原因,并对光沿直线传播进行了第一次科学解释。实验科学的典范包括伽利略的物理学、动力学实验(如著名的比萨斜塔实验)、牛顿的经典力学、哈维的血液循环学说等。

(2) 理论范式(19世纪至20世纪中期):单纯依靠实验研究,很难完成对自然界更精确的解释,于是科学家开始简化实验模型,依靠关键因素,在演算的基础上再进行归纳总结,这就产生了人类科学的第二范式,即理论推演,也可以称为理论科学时代,跨度从18世纪末至20世纪中期。理论科学偏重总结和理性概括,强调普遍的理论认识而非直接实用意义的科学,以演绎法为主。在研究过程中,通过采集数据、建立数学模型,用模型模拟自然过程或认知活动,并试图用模拟结果解释这些机制。理论科学的典范包括17世纪的牛顿运动定律、开普勒定律,19世纪的麦克斯韦电动力学方程。这些方程由经验观察、归纳推导得出,可以推广到比直接观察更为广泛的情形。在第二范式中,所构建的方程一般都能通过简单场景下的解析求解。

(3) 计算机模拟范式(20世纪至21世纪前叶):进入20世纪后,很多复杂问题无法再采用解析解模型求解。到了20世纪中叶,冯·诺依曼提出了现代电子计算机架构,利用电子计算机对科学实验进行模拟仿真的模式得到迅速普及,于是出现了第三范式,即计算机模拟范式,又称为计算科学时代。在计算科学时代,科学家将计算机仿真取代实验,推演出越来越多复杂的现象,从而使得计算仿真模拟成为科研的常规方法。在这个时期,诞生了众多的计算模式,如大气模式、流域分布式水文模式、流体动力学模式、核试验模式等,大部分模式沿用至今。

(4) 数据密集计算范式(21世纪初至今):在21世纪,随着人类对数据的采集、管理和应用能力的不断增强,进入了大数据时代。以数据为驱动的人工智能、云计算等技术的发展,使得计算机不仅能进行模拟仿真,还能进行分析总结,并推求新的理论。在这种条件下,数据依靠信息设备收集或模拟产生,依靠软件处理,用计算机进行存储,使用专用的数据管理和统计软件进行分析。因此数据密集计算范式从第三范式中分离出来,成为一种独特的科学研究范式,即第四范式。

1.1.2 地理学研究范式

地理学是一门历史悠久的学科,主要关注陆地表层环境要素多时空尺度分异规律。地理学既关注自然要素也关注人文要素,既关注空间过程也关注时间过程,既关注局地尺度也关注全球尺度,既关注格局也关注过程和机制。地理学是一门内容涉猎广泛、问题类型多样的学科,在长期的发展过程中,地理学研究范式发生了显著的变化。当今地理学处于多种研究范式并存的状态,在实际研究工作中各自发挥着不可替代的作用,但与人类科研范式的发展类似,地理学研究范式也经历了经验科学范式、实证(理论)科学方式、系统(计算机)科学范式和大数据研究范式的发展历程。

当前,时空大数据的飞速发展为地理学研究提供了新的方法和视角,这是地理学新的机遇更是新的挑战。从地理学研究范式的发展来看,地理经验科学研究范式为地理学基本性质的确立奠定了基础,地理实证科学研究范式使地理格局、过程研究不断深化,地理系统科学研究范式是全面认识陆地表层系统行为的关键,而地理大数据研究范式则在探索阶段。应用时空大数据开展地理学研究,既需要利用大数据更新、完善并优化已有理论与方法,还需要充分挖掘时空大数据的特点,探索地理学研究新的方法、新的模式,并挖掘出地理领域新的认知。这是一个长期发展的过程,是值得地理学领域的专家、学者和学子去投入研究的方向。

1.2 数据与数据要素

随着数据的积累、数据体系的庞大以及全球数字化时代的发展,数据得到了全球各级政府的高度重视。当前,我国正处于数字中国建设的关键期,数据对新时期我国的发展尤为重要,了解国家关于数据的相关政策,对充分认识到数据工作的重要性尤为重要。自 2020 年以来,我国相继出台各项国家层面的政策和制度,推动数字经济的发展;这些政策和文件,体现了中国在数字经济领域的战略布局和未来发展方向,也显示了数据在现代经济体系中的日益重要性。数据是指对客观事件进行记录并可以鉴别的符号,是对客观事物的性质、状态以及相互关系等进行记载的物理符号或这些物理符号的组合。它是可识别的、抽象的符号。数据可以是连续的值,比如声音、图像等,称为模拟数据;也可以是离散的,如符号、文字等,称为数字数据。在计算机科学中,数据是所有能输入计算机并被计算机程序处理的符号的介质的总称,是用于输入电子计算机进行处理,具有一定意义的数字、字母、符号和模拟量等的通称。随着计算机存储和处理的对象越发广泛,这些对象所代表的数据也随之变得越来越复杂。

数据一直伴随着人类的发展而变迁,呈现出类别多样的特征。数据的类别,可以按性质划分,也可以按表现形式划分,还能按结构进行划分。数据具有无限性、易复制性、非均质性、易腐性和原始性等 5 个特征。数据具有原始性,只有当数据成为信息,才具有价值。数据经过加工后就成为信息。数据是信息的表现形式和载体,可以是符号、文字、数字、语音、图像、视频等,而信息是数据的内涵,信息加载于数据之上,对数据作具有含义的解释。数据和信息又是不可分离的,信息依赖数据来表达,数据则生动具体地表达出信息。数据是符号,是物理性的,信息是对数据进行加工处理之后所得到的并对决策产生影响的数据,是逻辑性和观念性的;数据是信息的表现形式,信息是数据有意义的表示。

数据本身没有意义,数据只有对实体行为产生影响时才成为信息。数据的意义在于能够传递信息。对信息的接收,始于对数据的接收;对信息的获取,只能通过对数据背景的解读。

数据背景是接收者针对特定数据的信息准备,即当接收者了解物理符号序列的规律,并知道每个符号和符号组合的指向性目标或含义时,便可以获得一组数据所载荷的信息。因此,数据转化为信息,可以用以下公式表示:数据+背景=信息。

数据要素是一种新型生产要素,指参与到社会生产经营活动中,为所有者或使用者带来经济效益的数据资源。数据作为新型生产要素,是数字化、网络化、智能化的基础,已快速融入生产、分配、流通、消费和社会服务管理等各环节,深刻改变着生产方式、生活方式和社会治理方式。根据特定生产需求汇聚、整理、加工而成的计算机数据及其衍生形态,包括投入生产的原始数据集、标准化数据集、各类数据产品及以数据为基础产生的系统、信息和知识等。

数据要素相比于土地、劳动、资本、技术等传统生产要素,具有明显的独特性。数据要素是一种独特的技术产物,具有虚拟性、低成本复制性和主体多元性;而这些技术特性影响着数据在经济活动中的性质,使数据具备了非竞争性、潜在的非排他性和异质性。

1.3 大数据与时空大数据

1.3.1 大数据的特征和影响

大数据最初由维克托·迈尔-舍恩伯格和肯尼思·库克耶编写的《大数据时代:生活、工作与思维的大变革》一书提出,被命名为 big data,译为大数据。在书中,作者认为大数据所面对的对象,是所有数据,是数据的整体,而不是数据的局部,因此大数据应该是对所有数据进行整体分析处理,而不是采用随机分析法,即抽样调查进行具体分析。当时,作者虽然指出了大数据的对象,但未能对大数据本身进行定义,因此并未引起太大的关注。随着互联网的崛起和快速发展,大量非结构化数据导致数据体量不断增加。2011 年,麦肯锡、世界经济论坛等知名机构开始研究新的数据模式,进而掀起了大数据的热潮。截至目前,对于大数据,还缺乏公认的统一定义。由于大数据的复杂性,不同的作者或研究机构对大数据概念的理解不同。在本书中,我们认为:大数据是面向数据整体、具有海量内容、无法应用传统工具进行处理的数据集。至于到底多大体量才能称为大,没有相关的标准。按美国易安信公司(EMC)的界定,其中的"大"是指大型数据集,一般至少在 10TB 规模。综合来说,大数据不仅"大",而且"新",是新资源、新工具和新应用的综合体。

大数据从数据结构上可分为 3 类:结构化数据、半结构化数据和非结构化数据。它具有"5V"的自然属性、"5I"的社会属性,而在场景应用中,又具有回答具体问题(what、who、when、where、why)的"5W"事件属性。"5V"的自然属性描述了大数据自身的特征,主要包括数量(volume)、速度(velocity)、种类(variety)、真实性(veracity)和价值(value)。"5I"的社会属性描述了顺着大数据从产生、价值挖掘到应用的过程,赋予其数据整合(integration)、融通(interconnection)、洞察(insight)、赋能(improvement)和复用(iteration)等特征。

大数据是科研第四范式的主要基础支撑,对人类的生产、生活甚至思维方式都产生了深远的影响。从人类发展的角度来看,大数据不仅成为了新兴的战略资源,还改变了人类的时代特征。人们普遍认同,目前人类已经进入了大数据时代。一方面,在大数据时代,人类的思维方式受到了改变,不再仅仅接受事物的因果关系,以中医为代表的注重相关性的学科开始为全人类所接受。另一方面,大数据深远地影响了社会的发展,通过大数据决策成为一种新的决策方式,而大数据的应用则促进了信息技术和各行业的深度融合,依靠大数据的开发推动了新技术和新应用的不断涌现。

1.3.2 时空大数据的特征与发展

时空大数据是一种大数据与地理时空数据的融合,即以地球为对象,基于统一时空基准,活动于时空中与位置直接或者间接关联的大数据。我们知道,人类生活在地球上,一切活动都是在一定的时空环境中进行的,而所有大数据都是人类活动的产物;从可视化的角度来说,所有的大数据只有与时空数据集成融合后,才能直观地为人类提供大数据的空间概念(空间分布、趋势)。因此,从这个意义上来说,大数据本身都是在一定的时间和空间内发生的,这就可以认为大数据本质上就是时空大数据。

2011年5月,麦肯锡发布《大数据:创新、竞争和生产力的下一个前沿》报告,将当前大数据分为5种主要数据流,即医疗保健、零售业、公共领域、制造业、个人位置等。这些数据都具有明显的地理编码和时间标签。因此,时空大数据不仅是大数据的重要组成部分,更可以看作大数据本身。本书认为时空大数据是指在时间与空间维度上具有高维度、高速度、高价值的数据集,它涵盖了地理信息系统、遥感影像、移动通信记录、社交媒体数据等多个领域。

既然时空大数据可以看作大数据,那么时空大数据同样具有大数据的特征。从其自然属性来看,它同样具有"5V"特征,如表1-1所示。

表1-1 时空大数据的"5V"特性框架

数量(volume)	速度(velocity)	种类(variety)	真实性(veracity)	价值(value)
TB级	实时	结构化	可信性	低价值密度
记录/日志	批处理	非结构化	真伪性	高价值整体
事务	多进程	多维度	来源和信誉	事件性
动态地图	数据流	多时态	可审计性	相关性

任何事物的发展都不是一蹴而就的,都是在特定的历史时期,随着其他基础条件的不断成熟而发展起来的。时空大数据的发展尤其如此。由于数据更多的是由人类所产生的,因此时空大数据的发展与人类所面临的形势、本身的需求以及科技的进步等有着密切的联系。数据是随着人类社会的发展而不断进化的,经历了从无网期运营式系统阶段的被动产生时代,到互联网时期用户原创内容阶段的主动产生时代,再到如今物联网时期依靠感知式系统的自动产生时代。对应地,大数据的发展历程也可以分为萌芽期、成熟期和大规模应用期3个阶段,如表1-2所示。

表 1-2 大数据的发展历程

阶段	时期	时间	内容
第一阶段	萌芽期	20世纪90年代至21世纪初	随着数据挖掘理论和数据库技术的逐步成熟,一批商业智能工具和知识管理技术开始被应用,如数据仓库、专家系统、知识管理系统等
第二阶段	成熟期	21世纪初至2010年	Web 2.0应用迅猛发展,非结构化数据大量产生,传统处理方法难以应对,带动了大数据技术的快速突破,大数据解决方案逐渐走向成熟,形成了并行计算与分布式系统两大核心技术,谷歌的GFS和MapReduce等大数据技术受到追捧,Hadoop平台开始大行其道
第三阶段	大规模应用期	2010年以后	大数据应用渗透到各行各业,数据驱动决策,信息社会智能化程度大幅提高

1.4 时空大数据的关键技术与要点

获取与管理时空大数据仅是手段,其真正目的在于发掘这些数据中蕴含的价值,进而促进人类社会的发展。为此目标,我们必须借助大数据、地理信息系统、人工智能等一系列高科技手段。这些技术共同作用于海量、多元、异构数据的采集与存储,确保时空大数据的检索与查询能力得以提升。最终,通过深入的数据挖掘与分析处理,将这些宝贵的信息转化为实际应用服务。表1-3为时空大数据涉及的相关关键技术。

表 1-3 时空大数据关键技术

技术类型	功能	关键技术
数据采集与存储	利用ETL工具将分布的、异构数据源中的数据如关系数据、平面数据文件等,抽取到临时中间层后进行清洗、转换、集成,最后加载到数据仓库或数据集市中,成为数据底座基础	数据采集、数据清洗、数据转换;时空数据模型、关系型数据库、NoSQL数据库
数据查询与索引	依托于R树、四叉树等结构建立时空大数据的索引方法,实现对时空大数据的高效率查询	空间索引技术、分布式索引技术、时空高效查询技术等
数据分析与挖掘	基于可视化、统计分析、机器学习、过程模拟等算法,实现对海量数据的分析与挖掘,从而提取出时空大数据中隐藏的有价值的信息	时空可视化、时空分类、时空聚类、时空趋势预测、时空关联、时空过程模拟等

本书章节的结构安排围绕时空大数据的核心技术和关键要点展开论述。内容涵盖从数据采集与存储、数据查询与索引到数据分析与挖掘的通用技术框架,并进一步深入到时空可

视化分析、时空分类分析、时空聚类分析、时空趋势分析、时空关联分析以及时空过程模拟等专题领域。这些技术与方法全面覆盖了当前时空大数据挖掘的核心议题,代表了该领域研究与发展的前沿动态。

扩展与思考

(1)人类科学的第四范式与第三范式都是利用计算机来进行计算,它们之间有什么区别?

(2)大数据的最显著特征是什么?这些特征是怎么形成的?

(3)自2020年以来,我国出台了哪些与"数据要素"相关的政策和法规?请列举并说明它们对数据经济发展的重要意义。

(4)大数据和时空大数据在定义、特点和应用场景上有哪些异同?请结合具体案例,说明时空大数据如何在大数据的框架下发挥独特作用。

(5)时空大数据在哪些领域具有重要价值?请列举3个具体的应用场景,并分析在这些场景中应用时空大数据面临的挑战。

(6)数据要素作为数字经济的核心要素,具有哪些独特特征?请结合数据要素的定义,分析其与传统生产要素(如土地、劳动力、资本)的异同。

(7)大数据技术如何支持时空大数据的处理和分析?请结合具体技术,列举其在时空大数据中的应用案例。

(8)时空大数据的采集和使用涉及大量个人隐私和敏感信息。请分析时空大数据隐私保护的现状和挑战,并讨论如何在技术、法律和伦理层面加以解决。

第 2 章 时空大数据采集与存储

随着物联网、5G通信技术以及卫星遥感技术的发展,时空数据的生成速度和规模均达到了历史性的高峰,这给时空大数据的存储与管理带来了前所未有的挑战。本章节将介绍数据采集、数据存储管理以及时空大数据库的基本概念和特征。

2.1 时空数据采集与清洗

2.1.1 时空数据采集

数据采集是从数据源获取数据的过程。这些数据可能来自不同的源头,包括但不限于社交媒体、物联网设备、企业应用、网络日志、交易记录、传感器等。大数据采集是大数据处理和分析的第一步,也是至关重要的一步,因为它直接影响到后续数据处理的效率、准确性和可用性。常见的数据采集方式包括手工采集、传感器采集、网络爬虫、日志采集、数据库接口采集等。

(1)手工采集:这是最原始的方法,适用于小规模、低频次的数据采集任务,如个人信息的整理和记录、利用测绘仪器开展空间数据的测绘等。手工采集的优点是可以确保数据的准确性和完整性,但缺点是效率低、成本高。

(2)传感器采集:通过传感器设备获取物理量、化学量等各种数据信息,应用于环境监测、工业制造、医疗健康等领域,这是当前数据采集的主流方式之一。传感器数据采集具有高速响应、高精度和高灵敏度、恶劣环境适应性、多点采集能力、无线传输和成本效益高等特征。尤其是在地理空间领域,传感器采集具有采集数据精度高、范围广等特点,如利用无人机、卫星、热气球搭载雷达、激光仪、视频等传感器,能开展大范围的传感采集监测。

(3)网络爬虫:也被称为网页蜘蛛或自动索引器。通过模拟浏览器行为访问网站并提取所需信息。网络爬虫广泛应用于搜索引擎、数据挖掘、市场调研、舆情监控等多种场景。常见的网络爬虫工具和库包括 Scrapy、Beautiful Soup、Selenium、Requests、PyQuery 和 Lxml。

(4)日志采集:通过记录系统运行状态和用户操作等信息来获取数据,应用于网络安全、运维管理、用户行为分析等领域。日志采集帮助企业发现问题、优化系统性能和提升用户体验。

(5)数据库接口采集:通过连接数据库并执行结构化查询语言(structured query language,SQL)语句来获取数据,通常应用于大规模数据的查询和处理任务中。数据库采集的方法主要包括直接连接法、日志抽取法、数据集成工具法和应用程序编程接口（application programming interface，API）调用法等，是进行数据归集的重要采集方式。需要注意的是，在数据库采集中需要考虑到数据源的安全性和可靠性。

2.1.2 时空数据清洗

时空数据清洗，即通过一定的流程和方法，对时空数据进行筛选，识别并纠正或移除时空数据集中的错误、不完整、不准确或无关的信息并保留有价值信息，以使其适合进行分析和建模的过程。时空数据清洗是发现并纠正数据文件中可识别的错误的最后一道程序，包括去除重复数据、填补缺失值、处理异常值和转换数据格式等操作，旨在提高时空数据的准确性和可靠性。时空数据清洗是时空数据处理过程中的必要步骤，有助于消除数据错误和噪声，提高分析和建模的精度。基本流程可以分为6个步骤，如图2-1所示。

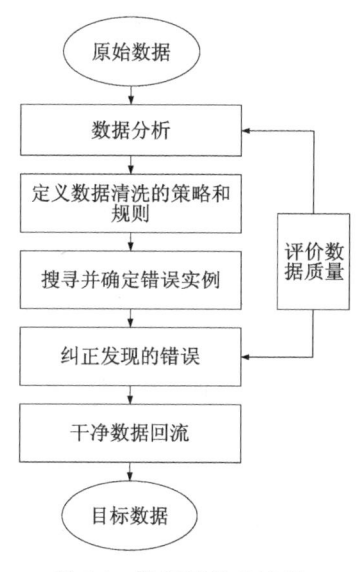

图 2-1　数据清洗的流程

（1）数据分析：也可以称为数据预处理，是数据清洗的前提和基础。主要通过人工检测或者计算机分析程序的方式对原始数据源的数据进行检测分析，从而得出原始数据源中存在的数据质量问题。数据分析过程的主要工作是判断数据的质量问题。常见的数据质量问题有不完整的数据、错误的数据、重复的数据、数据格式不一致等。

（2）定义数据清洗的策略和规则：在数据分析过程中，针对已识别的数据质量问题，通常需依据标准化流程实施系统性处理，具体涵盖以下关键环节：缺失值填补与剔除、异常值检测与修正、重复记录合并或去重，以及数据格式规范化与跨源一致性校验。

（3）搜寻并确定错误实例：通过手工搜寻、自动检测等方法，找到错误实例，并标记其位置，为后面的数据纠正提供目标。手工搜寻适用于小数据集，存在工作量大、效率低的问题。目前主流的方法是自动检测法，并逐渐衍生出了专门的异常检测技术。按照异常类别的不同，异常检测可划分为异常点检测、上下文异常检测（如时间序列异常）、组异常检测；按照学习方式的不同可划分为有监督异常检测、半监督异常检测及无监督异常检测，其中无监督异常检测应用最为广泛。

（4）纠正发现的错误：根据不同的"脏"数据存在形式的不同，执行相应的数据清洗和转换步骤解决原始数据源中存在的质量问题。在纠正错误的过程中，应该将原始数据源进行备份，以防需要撤销清洗操作。纠正错误的方式包括直接修改、使用规则或者利用数据清洗工具。

（5）评价数据质量：数据清洗后，进行数据的质量评价是确保数据准确性和可靠性的重要环节。在数据清洗过程中，质量评价不仅关注数据的准确性，还涉及数据的完整性、一致性、时效性等多个方面。

（6）干净数据回流：将经过清洗、校验和修正后的高质量数据，重新整合到原始数据源或数据仓库中，以替换原有的错误、不完整或不一致的数据。干净数据回流通过替换"脏"数据，可以显著提升数据集的准确性和可靠性，为后续的数据分析和决策提供坚实的基础，同时可以避免未来在数据抽取、转换和加载(extract transform load,ETL)过程中进行重复的数据清洗工作,提高数据处理效率。

2.2 时空数据管理与存储

2.2.1 时空数据管理

在得到时空数据后,最重要的工作是进行数据的存储与管理。数据管理经历了从人工管理、文件系统到数据库系统的 3 个主要发展阶段,如表 2-1 所示。

表 2-1 3 种数据管理阶段的背景和特点

角度	层面/阶段	人工管理阶段	文件系统管理阶段	数据库系统阶段
背景	应用背景	科学计算	科学计算、数据管理	大规模数据管理,分布数据的管理
	硬件背景	无直接存取的存储设备	磁盘、磁鼓	大容量磁盘,磁盘阵列
	软件背景	无操作系统	有利用操作系统(operating system,OS)的文件系统	有数据库管理系统(database management system,DBMS)
特点	处理方式	批处理	联机实时处理,批处理	联机实时处理,分布处理,批处理
	数据管理者	用户(程序员)	文件系统	数据库管理系统
	数据面向的对象	某一应用程序	应用程序	现实世界,如个人、部门、企业等
	数据的共享程度	无共享,冗余度极大	无应用程序共享性,冗余度大	共享性高,冗余度小
	数据的独立性	不独立,完全依赖于程序	独立性差	具有高度的物理独立性和一定的逻辑独立性
	数据的结构化	无结构	记录内有结构,整体无结构	整体结构化,用数据模型描述
	数据的控制能力	应用程序控制	应用程序控制	由数据库管理系统提供数据安全性、完整性、并发控制和恢复能力

随着计算机技术的发展,数据库系统逐渐成为数据管理的主流方式,它通过建立复杂的数据结构和强大的数据管理功能,提高了数据处理的效率和数据共享的程度。

2.2.2 时空数据存储

进入数据库管理阶段后,如何在数据库中存储数据是要回答的重点问题。数据存储是指将数据以某种形式保存在物理介质上的过程。数据存储的目标是长期保存数据,确保其随时可以被访问和使用。随着信息技术的发展,数据存储已经从传统的集中式存储发展到了复杂的分布式存储。

2.2.2.1 集中式存储

集中式数据库指的是一种将所有数据集中在单一地理位置存储的数据库架构。这种架构模式下,数据的存储、处理和管理都发生在一个中心节点或服务器上,所有对数据的访问和操作都通过这个中心点来进行。集中式数据库架构因其高效的数据处理能力、强化的数据安全性措施以及确保数据一致性的特点,成为对数据管理速度、安全和统一性有严格要求场景的理想选择。这种架构通过集中控制和简化的操作流程,优化了数据的维护和访问效率。

2.2.2.2 分布式数据存储

随着互联网、物联网、社交媒体和移动设备的普及,数据生成速度和体量急剧增加,传统的存储系统难以满足这种大规模数据存储的需求。此外,集中式存储系统存在单点故障的风险,一旦存储设备损坏,可能导致整个系统的数据丢失。为了应对数据增长、提高系统性能、增强数据安全性、降低成本以及满足现代应用多样化需求,分布式存储诞生并得到了大量的应用。

分布式存储是一种先进的数据存储架构(图 2-2),它通过将数据分散存储在多个计算机或服务器上,来实现数据的高可靠性、可扩展性和性能优化。在这种架构中,每个节点都充当一个独立的存储单元,并通过网络进行互联,共同协作完成数据的存储和管理工作。

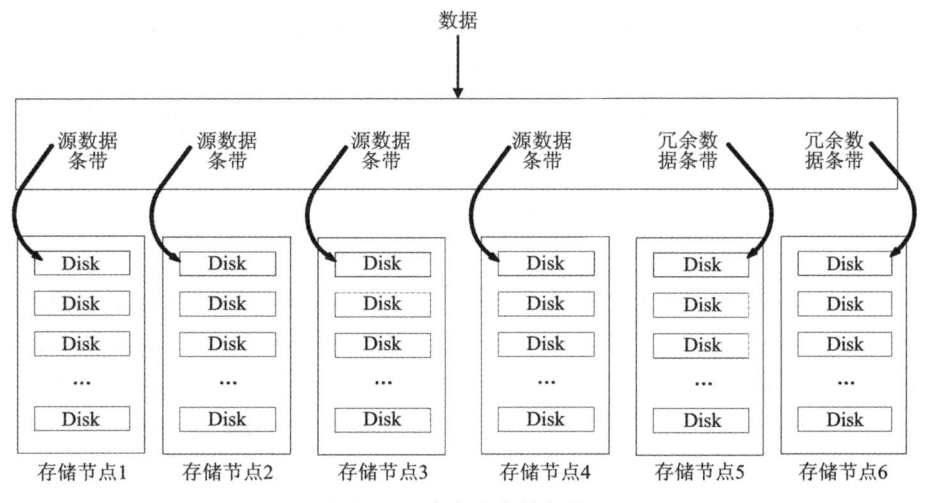

图 2-2 分布式存储架构

分布式存储的类型多种多样,根据不同的分类标准,可以将其划分为不同的类型。按照存储对象的不同,分布式存储可以分为分布式块存储(distributed block storage,DBS)、分布式文件存储(distributed file system,DFS)、分布式对象存储(distributed object storage,DOS)和分布式统一存储(distributed unified storage,DUS);按照存储方式的不同,分布式存储可以划分为分布式文件系统、分布式键值存储、分布式表格系统和分布式数据库等,其中分布式文件系统和分布式数据库是当前应用得较为广泛的两种分布式存储方式。

(1)分布式文件系统是一种允许文件和数据在网络中的多个存储节点上分布存储和管理的文件系统。它通过网络将不同地理位置的多个存储节点连接起来,形成一个统一的文件系统命名空间,使得用户可以像访问本地文件系统一样方便地访问这些分布在网络中的文件和数据。分布式文件系统广泛应用于大数据处理、云计算、内容分发网络等领域。一些著名的分布式文件系统包括 Hadoop 的 HDFS(hadoop distributed file system)、Google 的 GFS(google file system)和 Ceph 等。

(2)分布式数据库是一种先进的数据管理系统,它将数据分散存储在多个物理或逻辑节点上,形成一个庞大的网络。这些节点可以分布在不同的地理位置,通过高速网络互联,实现数据的统一管理和访问。这种数据库具有高可扩展性、高并发处理能力、高可用性以及容错性,能够通过增加节点来轻松应对数据量的爆炸式增长。同时,分布式数据库通过数据复制和智能分片技术,确保了数据的一致性和快速访问,非常适合地理空间、电信、互联网等需要处理大规模数据和高并发请求的场景。著名的分布式数据库包括 Hadoop 的 HBase、阿里云的 PolarDB、华为云的 GaussDB、TiDB 和 openGauss 等。

2.3 时空大数据库

2.3.1 数据库

数据库是以一定方式储存在一起、能与多个用户共享、具有尽可能小的冗余度、与应用程序彼此独立的数据集合。数据库是一个实体,能够合理保管数据的"仓库",用户在该"仓库"中存放要管理的事务数据。数据库是用于数据分类、组织、编码、存储、检索和维护的主要工具,可以分为关系型数据库、非关系型数据库,也包括空间数据库、新 SQL 数据库和对象数据库等。

2.3.1.1 关系型数据库

关系数据库是创建在关系模型基础上的数据库,借助于集合代数等数学概念和方法来处理数据库中的数据。关系型数据库是最常见的数据库类型,它通过表(table)来存储数据,表中的行(row)代表记录,列(column)代表字段,表与表之间通过关系(如外键)连接。关系型数据库遵循 ACID[原子性(atomicity)、一致性(consistency)、隔离性(isolation)、持久性(durability)]原则,确保数据的完整性和一致性,并通过 SQL 等语言来查询、更新和管理数据。典型的关系型数据库有 MySQL、Oracle、SQL Server、Access、PostgreSQL、DB2、MariaDB 等。

2.3.1.2 非关系型数据库

NoSQL 是非关系型数据库"Not Only SQL"的缩写,强调与关系型数据库不同的数据存储方式,通常具有更高的可扩展性和灵活性,适用于大数据和分布式系统。非关系型数据库不使用表结构来存储数据,而是采用键值对(key-value)、列存储(column-oriented)、文档(document)或图形(graph)等方式来存储数据。

1. 键值数据库

键值数据库使用简单的键值对来存储数据，主要是使用一个哈希表，表中有一个特定的键和一个指针指向特定的数据。在这种数据库中，每个数据项都由一个唯一的键（key）和一个值（value）组成。其中，键是唯一标识符，用于访问数据，键通常是字符串，但也可以是其他数据类型。值是与键相关联的数据，值可以是任何数据类型，包括字符串、数字、对象、列表等。常用的键值数据库包括 Redis、Memcached、Riak KV 和 VoltDB 等。

2. 列存储数据库

列存储数据库又被称为列式数据库，是一种以列相关存储架构进行数据存储的数据库系统，主要适合于批量数据处理和即时查询。列存储数据库与传统的行存储数据库（row-oriented database）在数据写入和读取上存在显著差异，两者的区别如表 2-2 所示。

表 2-2 列存储数据库与行存储数据库在写入和读取时的区别

类别	行存储	列存储
写入	写入一次性完成，保证数据完整性	一行记录拆成单列保存，写入次数多
写入	数据修改写入方便	不轻易做数据修改写入操作
写入	适用于关系型数据库	适用于分析型数据库
读取	将整行数据读取，如果只需要部分列，就会产生冗余列，会有消除冗余列的操作	读取的时候只读需要的列，不存在冗余性问题
读取	同一行数据类型一般不同，解析时需要切换多种数据类型，消耗 CPU 增加解析时间	针对某列数据，数据类型相同，读取时不需要频繁切换数据类型
读取	按行压缩，当一行有多个字段，每个字段对应的数据类型可能不一致，压缩性能比较差	按列压缩，每一列对应相同的数据类型

列存储数据库的代表产品包括 Cassandra、SAP HANA、Amazon Redshift、Sybase IQ、ParAccel、Sand/DNA Analytics、Vertica、Aster Data Systems、Greenplum 等。

3. 文档存储数据库

文档存储数据库以文档作为存储和查询的基本单位，数据以文档的形式存储。这里的"文档"通常是指一种数据结构，它可以是 JSON、XML、BSON 或其他格式的数据结构，用于存储复杂的数据类型。面向文档的数据库，适用于内容管理（如博客、视频平台等）、物联网（存储和管理来自各种传感器的数据，这些数据通常具有半结构化或非结构化的特点）、实时应用（如实时通信、在线游戏等）等需要快速读写和响应的应用场景。当前，流行的面向文档的数据库系统包括 MongoDB、Couchbase、CouchDB 和 RavenDB 等。

4. 图形数据库

图形存储数据库通常简称为图形数据库（graph database），是一种以图形形式存储数据的数据库系统。它利用图形理论来表示和存储实体之间的关系信息，并以节点（代表实体）和连接节点的关系(边)的形式来表示这些数据。图形数据库特别适合于存储和处理关系复杂的数据。图形数据库适用于社交网络、推荐系统、欺诈检测、知识图谱和网络基础的设施监控等场景。典型的图形数据库包括 Neo4j、InfoGrid、GraphDB、FlockDB、AllegroGraph 等。

2.3.1.3 空间数据库

空间数据库是一种专门设计用于存储、检索、管理和分析地理空间数据的数据库系统。它不仅存储地理要素的属性数据,还存储描述这些要素空间分布位置的空间数据,这些数据之间具有紧密的联系。相比于传统数据库,空间数据库不仅支持各种地理数据集的存储,还提供了强大的查询和分析功能。当前主流的空间数据库包括 ESRI 地理数据库、PostGIS 以及从传统数据库演化而来的 Oracle Spatial 等。

2.3.2 典型时空大数据库

进入大数据时代后,规模效应带来了巨大的数据存储压力。数据类型的多样化要求数据库能处理各种数据,加之传统数据的设计理念与大数据的管理需求冲突使得人们要求数据库能做到存储海量化、功能开放化、处理规模化、管理集中化和客户端轻量化。传统的数据库难以适应这个需求,从而诞生了时空大数据库(spatio-temporal big data database)。

时空大数据库是一种专门设计用于处理和管理具有时间和空间属性的大规模数据集的数据库系统。这种类型的数据库能够存储、管理和查询与地理空间位置和时间相关的大量数据。时空大数据库的设计旨在满足对大规模时空数据进行高效存储、查询和分析的需求,尤其是在现代物联网、智能交通系统、智慧城市等领域,对时空大数据库的需求极为迫切。相比于传统数据库,时空大数据库具有能支持高效时空查询、基于分布式文件系统或数据库集群可横向扩展、具有实时数据处理能力且兼容标准 GIS 工具(如 OGC WEB 服务标准)等特点。除了传统空间数据库产品向时空大数据库转变,近年来出现了一些开源和国产的时空大数据库,得到了广泛的应用。

(1)GeoMesa 是一个开源工具套件,用于在分布式计算系统上进行大规模的地理空间查询和分析,支持多种可扩展的、基于云端的数据存储架构,侧重于在分布式环境下处理和查询大规模的地理空间数据,特别适合需要高性能查询和分布式存储的应用场景。GeoMesa 兼容一些常用的大数据组件,如 HBase、Accumulo、Spark、Kafka、Hadoop 等。

(2)GeoDB 是一个用于处理地理空间数据的开源数据库系统。它是一个基于 NoSQL 的空间数据库,专注于处理非结构化和半结构化的地理空间数据;该数据库考虑到了多源空间数据的无缝集成,可以处理不同来源的数据,并且能够将这些数据融合在一起;适合于需要快速部署、易于管理的地理空间数据存储和查询场景。

(3)InfluxDB 是一种专为时间序列数据设计的开源时序数据库,能够高效地存储和实时处理时序数据,例如服务器指标、网络设备数据、传感器数据等。相比于传统的关系型数据库,InfluxDB 采用自适应压缩算法和特定的存储引擎,使用了 LSM Tree 的变种来增强数据的写入能力,在写入性能上具有优势;通过类似 SQL 的查询语言(InfluxQL)提供丰富的查询功能。

扩展与思考

（1）进入大数据时代后，传统关系型数据库是否仍然适用？

（2）请从数据库结构、查询方式、存储能力等方面，对比分析关系型数据库和非关系型数据库的优缺点。

（3）时空大数据与传统大数据有何不同？请列举时空大数据的3个主要特点，并结合实际例子说明这些特点如何影响数据的采集和存储策略。

（4）请列举3种常见的时空大数据采集方法，并说明每种方法的优势和局限性。结合实际应用场景，讨论如何选择合适的采集方法。

（5）时空大数据通常具有哪些存储需求？请从数据量、数据类型、访问频率、查询效率等方面进行分析，并结合实际案例说明如何满足这些需求。

（6）分布式存储系统如何支持时空大数据的存储和处理？请列举分布式存储系统在时空大数据场景中的优势，并讨论其可能面临的挑战。

（7）在实时应用场景中，如何实现时空大数据的实时采集和处理？请讨论实时数据采集面临的技术挑战，并提出可能的解决方案。

（8）时空大数据中可能包含敏感信息，如何在采集和存储过程中保护数据的安全和隐私？请列举几种常见的安全和隐私保护技术，并说明其在时空大数据中的应用。

第 3 章　时空大数据索引与查询

随着科技的跃进和互联网的广泛渗透,每日均有海量数据产生,这些数据超越了简单信息堆砌的范畴,蕴藏着巨大的价值。然而,数据量的爆炸式增长也带来了数据管理和查询的巨大挑战。本章将阐述时空大数据查询与索引的基本概念、主要的数据索引结构和查询方式。

3.1　索引概述

3.1.1　索引的概念

索引(index)是数据库管理系统中一种重要的数据结构,用于提高数据检索的速度和效率。在讨论索引时,我们通常关注的是它在关系数据库中的应用,但索引的概念同样适用于时空大数据的管理和查询。索引在数据库中的作用类似于图书的目录,通过索引可以快速定位到所需的数据记录。

3.1.2　索引的类型

在数据库中,索引作为提升数据检索效率的关键机制,其类型多种多样,每种类型都针对特定的查询场景和数据特性进行了优化。为了更高效地组织和访问数据,理解并选择合适的索引类型至关重要。主要的索引类型及其特征如表 3-1 所示。

表 3-1　索引的类型

类型	名称	适用范围和特点
关系数据库索引	B 树索引	适用于基于范围的查询
	B+树索引	适用于范围查询和等值查询
	哈希索引	适用于等值查询
	位图索引	适应于列的基数较小的条件
空间索引	网格索引	空间划分为多个网格单元,快速定位到特定的空间区域内
	R 树索引	常用的空间索引结构,能够高效地支持空间范围查询
	四叉树索引	将空间区域分割成 4 个子区域,适用于空间数据的组织和检索
	KD 树索引	适用于多维空间数据的索引

续表 3-1

类型	名称	适用范围和特点
时空大数据索引	3DR 树、STR 树、TBR 树	一种扩展的 R 树，能够处理带有时间维度的空间数据
	HR 树、MR 树、HR＋树	扩展的 R 树，对时间点的查询效率较高
	CSE 树	使用 Z-Order 曲线对时空数据进行编码，支持高效的空间和时间查询
新一代索引	云原生索引	利用云平台的特性，支持大规模数据的分布式索引和查询
	AI 驱动的索引	利用机器学习技术优化索引结构和查询性能
	实时索引	支持实时数据流的索引和查询，以应对物联网等场景的需求
	跨模态索引	在处理包含图像、视频等非结构化数据时，支持跨模态查询

3.2 关系数据库索引

关系数据库索引是一种针对关系数据库表中一列或多列的值进行排序，进而提升数据检索效率的数据结构，其中 B 树、B＋树及其变种以及哈希索引是主要的索引结构。

3.2.1 B 树

B 树(B-tree)是一种自平衡的树数据结构，它能够保持数据有序，允许搜索、顺序访问、插入和删除操作都在对数时间内完成。B 树索引是基于二叉树结构的，包括 3 个基本组成部分：根节点、分支节点和叶子节点。其中根节点位于索引结构的最顶端，而叶子节点位于索引结构的最底端，中间为分支节点。B 树的结构如图 3-1 所示。

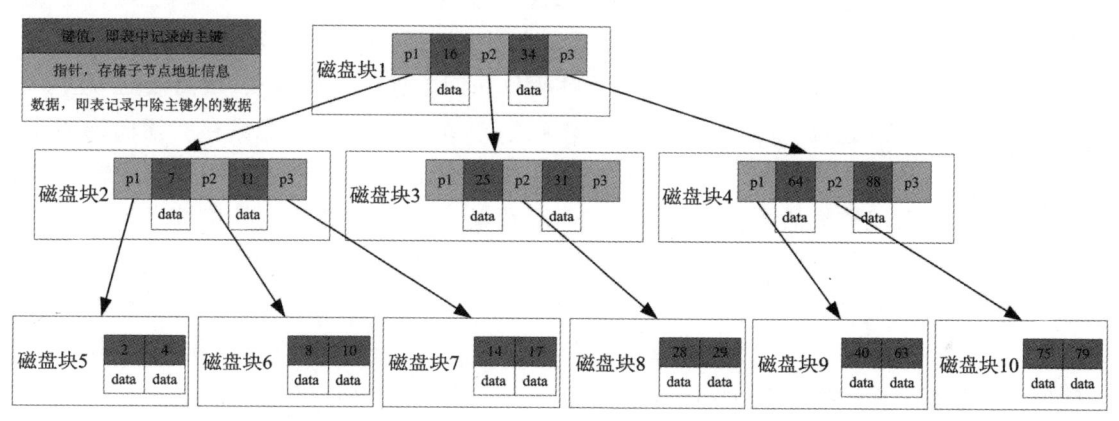

图 3-1 B 树的结构

图 3-1 表示一个 3 阶(m)的 B 树，满足以下条件：

(1) 每个节点至多拥有 3(m)棵子树、根节点至少有 2 棵子树，除了根节点以外，其余每个分支节点至少拥有 $m/2$ 棵子树。

(2)所有的叶节点都在同一层上,每个叶节点最多有$(m-1)$个键值(key),并且按升序排列。

(3)有 k 棵子树的分支节点则存在$(k-1)$个关键码,关键码按照递增次序排列。

(4)所有键值(key)分布在整棵树中,键值数量需要满足 $\text{ceil}(m/2)-1 \leq n \leq m-1$。

B 树分支节点块(包括根节点块)的特性如下:

(1)这些节点块中存储的索引条目遵循一个特定的排序规则,默认情况下是按升序排列,但在创建索引时,用户也可以选择降序排列。

(2)每个索引条目,也称作记录,包含两个关键组成部分。第一部分是当前分支节点块直接链接的下一级索引块中所有键值的最小值,这一字段有助于快速定位和范围查询。第二部分是一个四字节的地址指针,指向所链接的下一级索引块的具体位置,通过该地址,系统能够进一步访问更低层次的索引块或直接到达数据块。

(3)分支节点块能够容纳的索引条目数量受到数据块总大小和索引键值实际长度的制约。

B 树叶子节点的特性如下:

(1)B 树索引中的所有叶子节点均处于同一层级,这种设计有效地防止了数据插入和删除操作对索引结构造成的失衡。无论目标叶子节点的位置如何,从根节点遍历到该叶子节点的成本都是相同的。索引的高度,即从根节点到叶子节点所经过的数据块数量,通常保持在 2~3 之间,这意味着即使在包含数百万条记录的庞大表中,通过索引定位一个关键字也仅需 2~3 次 I/O 操作。

(2)叶子节点中存储的索引条目与分支节点遵循相同的排序规则,默认情况下为升序,但索引创建时也可以指定为降序。这种有序的排列方式不仅提高了查找的效率,还有利于范围查询的优化。

(3)每个索引条目,也称作记录,包含两个核心字段。第一个字段是索引的键值,对于单列索引是单一值,对于多列索引则是这些列值的组合。第二个字段是 ROWID,它唯一标识了表中对应记录行的物理位置。在 Oracle 数据库中,ROWID 作为快速定位指针,直接指向数据行在存储介质上的确切位置,因此,通过 ROWID 访问数据行是最直接、最高效的方法。

(4)叶子节点之间通过双向链表的形式相互连接,每个叶子节点都保存有指向列表中下一个和上一个叶子节点的指针。这种设计极大地便利了在一定范围内的索引遍历操作,使得在搜索特定记录时能够灵活地在叶子节点之间跳转,从而提高了索引的搜索效率。

3.2.2 B+树

B+树是在 B 树的基础上发展起来的一种自平衡的多路搜索树数据结构,适合用于存储和管理大量数据。B+树的结构如图 3-2 所示。

B+树是 B 树的一种变体,适用于大型数据库系统的索引结构,其主要的变化如下:

(1)B+树每个节点可以包含更多的节点,这么做的原因主要有两个:第一是降低树的高度;第二是将数据范围变为多个区间,区间越多,数据检索越快。

(2)非叶子节点存储 key,叶子节点存储 key 和数据,也就是说所有数据都存储在叶子节点上,而非叶子节点仅存储索引。

第 3 章 时空大数据索引与查询

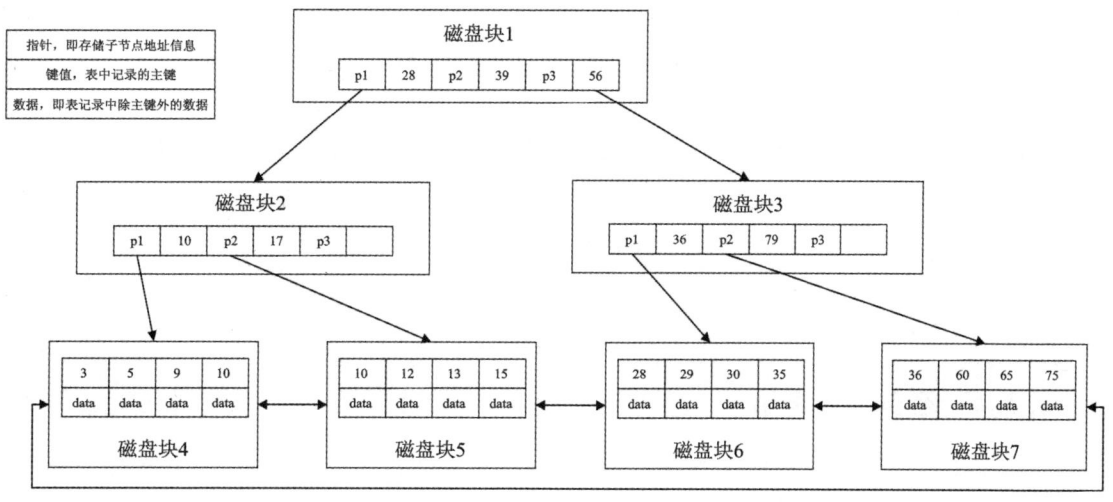

图 3-2 B+树的结构

（3）叶子节点两两指针相互连接，构成双向循环链表，符合磁盘的预读性能，有利于范围查询和顺序遍历，使得查询性能更高。

相比于 B 树，B+树中分支节点有 m 个关键字，其叶子节点也有 m 个；B+树分支节点仅存储着关键字信息和子节点的指针，即只存储索引信息，在 B+树中的数据都存储在叶子节点上，其所有叶子节点的数据组合起来就是完整的数据。

3.2.3 哈希索引

哈希索引（Hash index）是一种基于哈希表实现的索引结构，它通过哈希函数将关键字映射为哈希值，映射到对应的槽位上，并存储在哈希表中，从而快速定位数据。哈希索引的结构如图 3-3 所示。

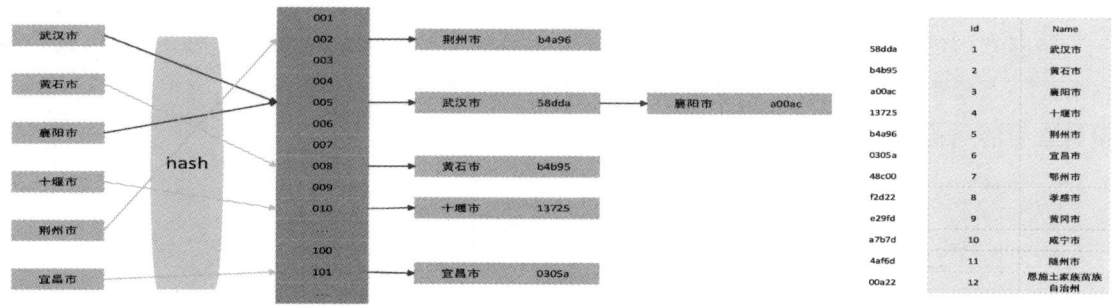

图 3-3 哈希索引结构图

在哈希索引中，哈希函数是核心。它将数据库字段数据（即关键字）转换成定长的哈希值。这个哈希值是一个较小的值，且不同关键字的哈希值通常不同；而哈希表则用于存储哈希值和对应的数据指针，每个哈希值在哈希表中都有一个对应的槽位，槽位中存储了指向实际数据行的指针。在哈希索引中，由于哈希函数的输出范围有限，不同的关键字可能会产生相同的哈希值，这种现象称为哈希冲突。为了解决哈希冲突，哈希索引通常采用链表法或开放地址法等策略。

3.3 典型时空大数据索引与查询

传统的关系数据库使用的一维索引并不适用于处理空间数据库中的二维或多维数据。空间数据库需要专门的空间索引机制来管理和优化对空间数据的访问。空间索引是一种特殊的数据结构,它根据空间对象的位置、形状或它们之间的空间关系进行排序,并存储空间对象的关键信息,例如对象的 ID、边界矩形[也称为最小外包络矩形(minimum bounding rectangle,MBR)]以及指向实际空间对象的指针。

3.3.1 经典空间索引

空间索引对高效地执行地理空间数据的查询、检索和可视化至关重要,其性能直接影响到整个空间数据库系统或地理信息系统的表现。空间索引的核心思想是通过分割策略将查询空间划分为多个区域,这些区域可以是矩形或多边形,并且能够唯一地标识空间要素。空间索引的关键即通过定义索引结构,便于快速找到需要的空间对象,其核心是空间的分割方法。空间索引主要的分割方法有两种:规则分割法和对象分割法。

规则分割法是按照某种规则或半规则的方式将地理空间或图像区域进行分割,分割后的每个单元间接地与空间要素相关联,空间要素的几何形状可能会跨越多个相邻的单元。常见的规则分割法包括网格索引、KD 树等。对象分割法侧重于对象本身,直接由空间要素来确定索引空间的分割。在对象分割法中,索引单元不仅包含空间要素地址的参考信息,还包含空间要素的外包络矩形等详细信息。常见的对象索引包括 R 树、四叉树及其衍生品、Z-ORDER 索引和 Hilbert 曲线等。

3.3.1.1 格网索引

格网索引的基本思想是将地理空间划分为一系列大小相等的矩形或正方形网格,每个网格对应一个索引条目,其中包含了该网格内所有空间对象的信息或者指向这些对象的指针。格网索引的结构如图 3-4 所示。

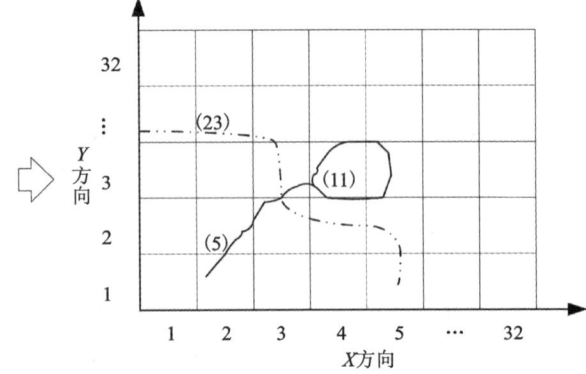

X方向网格编码	Y方向网格编码	要素标识	要素外包络矩形
1	1		
2	1	5	[$X1, Y1$], [$X2, Y2$]
3	1		
4	1		
5	1	23	[$X5, Y5$], [$X6, Y6$]
...	...	...	...
2	2	5	[$X1, Y1$], [$X2, Y2$]
3	2	5	[$X1, Y1$], [$X2, Y2$]
3	2	23	[$X5, Y5$], [$X6, Y6$]
4	2	23	[$X5, Y5$], [$X6, Y6$]
...	...	...	...

图 3-4 格网索引结构

每一个网格在栅格索引中有一个索引条目(记录),在这个记录中登记所有位于或穿过该网格的物体的关键字,如上图中,[X1,Y1],[X2,Y2]是5的外包络矩形;[X3,Y3],[X4,Y4]是11的外包络矩形;[X5,Y5],[X6,Y6]是23的外包络矩形。

格网索引的构建步骤包括以下几个方面。

(1)空间分割:将空间区域划分为一系列规则的网格单元,这些网格单元的大小可以根据应用的需求进行调整。通常,网格单元的大小是预先定义好的,并且在整个索引区域内保持一致。

(2)数据组织:每个网格单元包含一个索引条目,该条目记录了该网格内所有空间对象的标识符、最小外包络矩形和指向实际空间对象的指针。如果一个空间对象跨越了多个网格,则该对象的索引条目会出现在所有相关的网格单元中。

(3)查询处理:对于范围查询或邻近查询,只需要访问那些与查询窗口相交的网格单元。通过访问这些网格单元中的索引条目,可以快速定位到可能符合查询条件的空间对象集合。

3.3.1.2 四叉树索引

四叉树是一种每个节点最多有4棵子树的数据结构,其原理是将一个给定的空间划分为4个大小相等的区域,并递归地应用到每个子区域,按照相同的四等分原则继续划分,最终形成一个四叉树结构。四叉树索引按照子节点划分的方式,可以分为完全四叉树索引(full quadtree index)和普通四叉树索引(general quadtree index)。

完全四叉树索引:一种特殊的四叉树索引,其中每个非叶节点都有4个子节点,无论这些子节点是否包含数据,如图3-5(a)所示。这种索引方式确保了树的平衡性,每个节点都严格按照4个子节点进行划分,直到达到叶节点。当数据分布不均匀时,一些子节点可能为空,导致空间浪费。

普通四叉树索引:允许节点根据实际数据的分布来决定其子节点的数量,每个节点可能有1~4个子节点,子节点的个数取决于其所包含的空间区域中数据的分布情况,如图3-5(b)所示;这种索引结构可以更有效地利用存储空间,因为它避免了完全四叉树中的空节点问题,但需要更复杂的逻辑来维护树的平衡和搜索效率。

3.3.1.3 R树索引

R树最早是由Guttman在1984年提出的,随后又有了许多变形,构成了由R树、R+树、Hibert R树、SR树等组成的R系列树空间索引。以Guttman的经典论文中的R树为例,其结构如图3-6所示。

在R树中,用于组织和管理由二维或者更高维区域组成的数据(可能是多维空间的点、不规则多维形状等),称为数据区。一个R树的内部节点对应于整个R树管理的空间内的某个内部区域,或称"区域"。原则上,区域可以是任意形状的,不过在实际中它经常为矩形或其他简单形状。R树中的区域,称为bounding box(BB),通常可以定义最小BB(minimum bounding box,MBB),也就是包含一组对象的最小矩形。

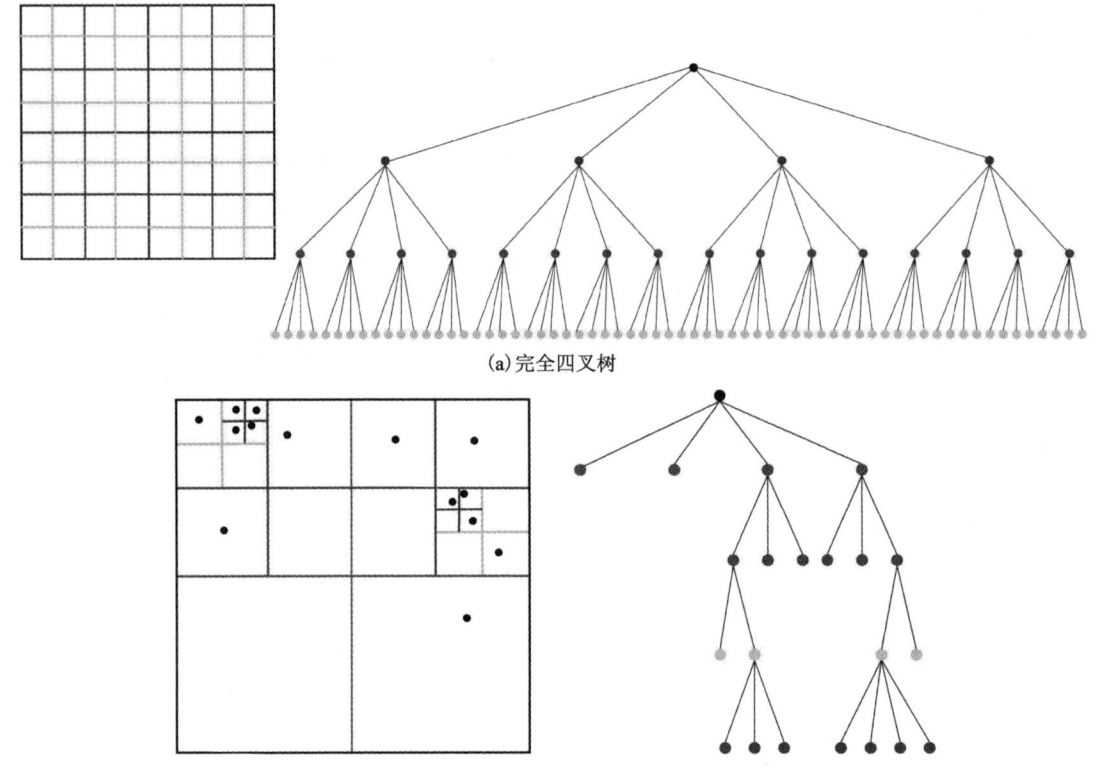

(a) 完全四叉树

(b) 普通四叉树

图 3-5 四叉树索引结构

例如图 3-6(a)是一棵 R 树,其中的一个内部节点 R3、R4、R5 就代表图 3-6(b)中的一个区域,它被包含在 R1 之中。R 树的节点用子区域替代键,子区域表示节点的子节点的内容,例如 R3、R4、R5 是节点 R3、R4、R5 中的键,它们中的每一个都表示图 3-6(b)中的一个子区域。在 R 树中,子区域之间是可以重叠的,这就是说有多个途径查找到某一条数据。R 树要满足如下基本特性。

(1)节点结构:每个内部节点包含一个或多个子节点的条目(entry)。每个条目由一个矩形边界框以及指向子节点的指针组成。叶节点包含具体的数据条目,每个数据条目通常包括一个 MBR 和实际数据记录的指针。

(2)节点数量限制:内部节点和叶节点都有最小和最大子节点数的限制,以确保树的平衡性。这些限制是由树的阶(order)来定义的。其中,最小填充因子规定节点至少应该有($m/2$)个子节点(除了根节点可以有更少),其中 m 是最大子节点数。最大子节点数规定除了根节点外,其他所有节点最多可以有 m 个子节点。

(3)平衡性:所有的叶节点都位于同一层,并且树的高度相对较小,这使得搜索操作的时间复杂度接近于 $O(\lg mN)$,其中 m 是树的阶,N 是树中的节点总数。

(4)重叠最小化:在插入新条目时,R 树试图最小化节点间的 MBR 重叠,以减少在搜索过程中的不必要的节点访问。

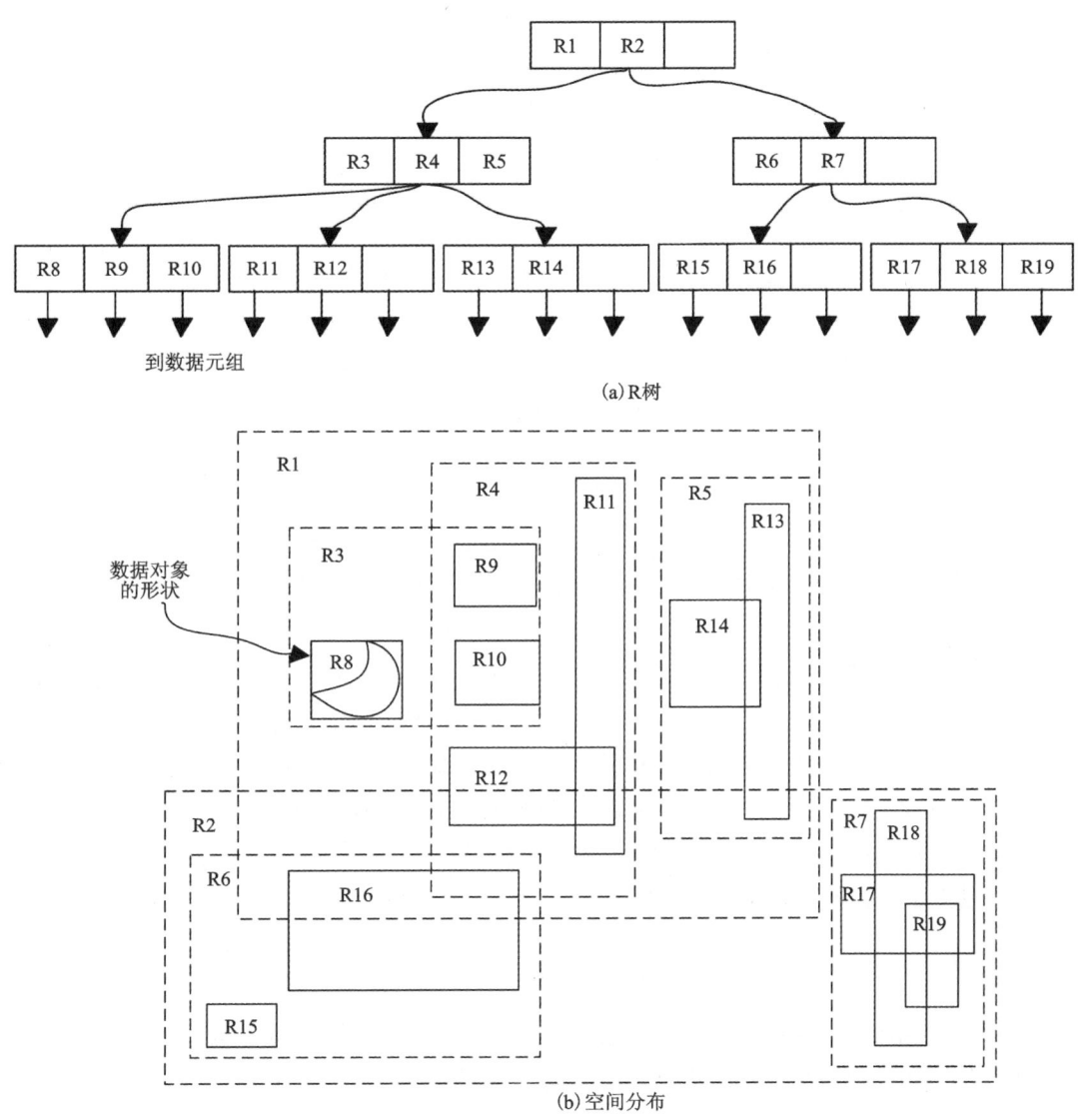

(a) R树

(b) 空间分布

图 3-6 R 树结构

(5) 动态调整：当插入或删除条目导致节点过满或欠满时，R 树会通过分裂节点、重新分配条目或者合并节点来保持树的平衡性和效率。

(6) 矩形边界框(MBR)：每个节点(内部节点和叶节点)都有一个 MBR，它完全包含了该节点所代表的所有矩形边界框。

3.3.1.4 KD 树索引

KD 树索引，即 K-dimensional tree(K 维树)，是对数据点在 k 维空间[如二维(x,y)、三维(x,y,z)、k 维$(x1,y1,z1,\cdots)$]中划分的一种数据结构。KD 树本质上是一种平衡二叉树，主要应用于多维空间关键数据的搜索(如范围搜索和最近邻搜索)，其结构如图 3-7 所示。

KD 树的构造过程是交替地根据当前数据的不同维度进行切分，例如假设为二维度数据

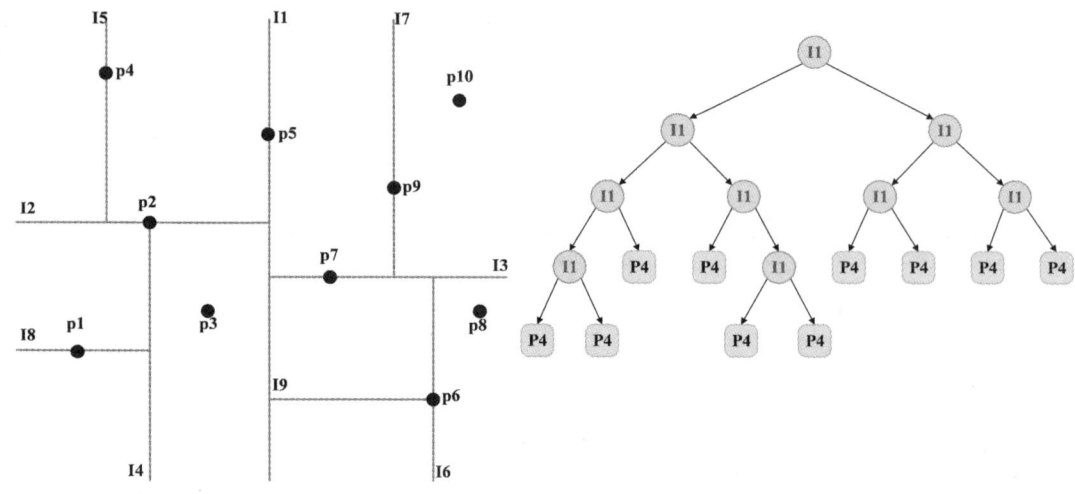

图 3-7 KD 树结构

(x,y)，root 节点先根据 x 轴进行划分，得到左、右 2 个部分，然后再分别对左、右 2 个部分根据 y 轴进行划分，依次进行，直到划分的区域内只有一个节点。

KD 树的每个内部节点都包含一个点，每个节点表示 k 维空间中的一个点，并且和一个矩形区域相对应，树的根节点和整个研究区域相对应。KD 树要求用平行于坐标轴的纵横分界线将平面分为若干区域，使每个区域中的点数不超过给定值。树中奇数层次上的点的 X 坐标和偶数层次上的点的 Y 坐标把矩形区域分成两部分。分界线仅起分界的作用，它的选取没有硬性的限制。一般选用通过某点的横向线或者纵向线。分界线上的点，对左、右分界线来说属于右部，对上、下分界线来说属于上部。

3.3.1.5 典型空间索引的比较

从不平衡数据的处理能力、范围查询、最近邻查询、构建过程、结构平衡性、存储要求方面比较 4 种空间索引，结果如表 3-2 所示。

表 3-2 典型空间索引的比较

索引类型	不平衡数据的处理能力	范围查询	最近邻查询	构建过程	结构平衡性	存储要求
格网	差	好	一般	容易	是	大
四叉树	好	最好	差	容易	否	中等
KD 树	好	一般	好	容易	大部分是	中等
R 树	好	一般	最好	困难	是	小

从表 3-2 中可以看出，格网索引在不平衡数据的处理能力上表现较差，但在范围查询上表现良好；四叉树在处理不平衡数据上表现出色，范围查询性能最好，但最近邻查询性能较差；KD 树范围查询上性能一般，但最近邻查询性能优异；R 树在范围查询上性能一般，但最近邻查询性能最好，其构建过程相对困难，但结构平衡性好，存储要求较小。

由于时空大数据海量实时的特征,针对时空大数据的索引是在空间数据索引的基础上,增加时间维度,并更多地考虑效率问题,建立了各种索引结构。目前,主流的时空大数据索引是在原有空间索引的基础上,通过以下3种改进方式构建:

(1) 将时间看成一个单独的维度,经典算法有3DR-tree、STR-tree、TB-tree。

(2) 将时间切割为时间段,每个时间段有一个单独的R-tree,不同时间段的R-tree之间如果有重复的数据,则直接指向之前的R-tree,典型的方法有HR-tree、MR-tree、MV3R-tree等。

(3) 将数据切分后放在不同的网格中,每个网格中有一个时间索引,主要的算法有CSE-tree。

3.3.2 时空大数据索引

3.3.2.1 时空大数据索引的类别

时空数据查询是实现对时空数据分析处理的前提,而时空数据索引技术是时空数据查询的基础。时空数据索引方法主要针对时空中的移动点和移动区域开展,可以分为过去时空数据索引、当前时空数据索引、将来时空数据索引和全时时空数据索引。现有的时空索引机制多是在空间索引的基础上发展演变而来的,其中R树系列的索引因其对数据分布的适应能力、良好查询性能而成为主要的时空索引方式。

3.3.2.2 经典时空大数据索引

将典型时空索引技术按照数据结构和处理时间维度进行分类,可以分为3种类型:第一种是将时间作为二维信息的补充维;第二种是重叠和多版本结构,即采用各种方法将时间维度区别于空间维度进行处理;第三种是面向轨迹,即支持处理面向移动轨迹数据的查询。

1. 将时间作为2D位置信息的补充维

早期的时空数据组织方式是将时间和空间信息分开存储,因此可以在经典索引的基础上,叠加时间索引机制。

RT-tree:将时间和空间信息分别用R树和TSB树索引。当时空对象位置变化时,需在RT-tree中插入新节点。其空间查询效率较高,但时间片和时间间隔查询可能需要遍历整棵树。

MR-tree:引入重叠B树思想,避免为每个时间片单独构建R树,通过共享相同节点来节省存储空间,对时间片查询效果较好,但时间窗口查询效率较低,且可能存在节点重复问题。

3DR-tree:将时间视为传统空间的另一维,用三维MBR表示时空对象,直接用R树算法处理时空查询,将二者查询语义同等对待。时间片查询与节点总数相关,而非查询时间内的活动节点。若时空对象生命期长或位置变化大,会导致大量死空间。

2. 重叠和多版本结构

这种结构通过重叠索引存储不同时间戳的时空状态,将时间维和空间维分离,每个时间片的空间数据集中存放在一个索引结构下,并为每个时间戳建立对应的临时树。

HR-tree：与 MR 树类似,采用重叠技术,所有操作在最新版本的 R 树上进行。其两级索引结构分别维护时间和空间信息：按时间顺序组织时间信息为有序表,用 R 树索引各时间片的空间信息。未变化的节点无须复制,只需新节点指向原节点,节省存储空间。此外,还将重叠 B 树思想应用于四叉树,形成重叠四叉树。

MV3R-tree：一种专门设计用于处理移动对象时空数据的索引结构,它结合了多版本 B-tree(MVB-tree)和 3DR-tree 的优点,在结构上类似于 3DR-tree,但针对移动对象的时空特性进行了优化。它通过三维空间(两维空间和一维时间)来索引移动对象,从而支持时空范围查询。

3. 面向轨迹

FNR-tree：基于 R 树,由顶部的 2DR 树和 1DR 树森林组成。2DR 树对路网空间数据索引,限定时空对象运动轨迹；1DR 树森林中每棵树对应 2DR 树的一个叶子节点,对时空对象在路网运行的时间间隔索引,范围查询性能较好。2DR 树索引空间数据,叶子节点包含线段和指向 1DR 树根节点的指针；1DR 树索引时间间隔,非叶子节点包含子节点指针和最小边界轮廓。时空区域查询时,先在 2DR 树中找到空间查询窗内的线段及对应叶子节点,再在 1DR 树中查询结果。

PA-tree：将时间域划分为 m 个不相交的时间间隔,每个运动轨迹被划分为与这些时间间隔相关的 m 个线段,用单调连续的切比雪夫多项式近似表达每个线段。该方法严格限制近似值与原始对象的最大偏离,确保近似值的准确性和贴近性。其结构为两层索引：第一层是类 R 树结构,索引切比雪夫多项式的两个主要系数和最大偏离；第二层存储高阶系数和最大偏离。若第一层索引无法满足查询要求,则第二层的附加系数会用于进一步过滤。

CSE-tree：本质上是二维索引结构,为每个单元网格构建时间索引。目标区域的轨迹被单元网格分割成段,每段形成对应的时间索引。在以 Ts 为横坐标、Te 为纵坐标的二维平面中,轨迹段用平面上的一点表示。所有点按 Te 分为几组,每组建立开始时间索引和 t 束时间索引,分别用于追踪组内点和索引不同组。

STR-tree：通过不同的插入和分裂算法扩展 R 树,以支持时空对象的轨迹查询。其核心思想是不仅保持空间上的临近关系,还尽量保存同一轨迹的线段,引入参数 p 来平衡空间属性和轨迹保存。p 值越小,保存的轨迹数量越少,空间临近程度越高。

TB-tree：将轨迹分割为若干线段,严格保存时空对象的轨迹。每个叶节点仅包含同一轨迹的线段,称为轨迹束,一条轨迹可能存在于多个节点中。但其缺点是,不同轨迹的线段即使空间上接近,也会存储在不同节点中。随着重叠程度增加和空间分辨率降低,区域查询代价会增大。

Hashing：通过 hash 函数将空间划分为可重叠区域,根据当前位置将对象散列到对应区域。只有当时空对象改变位置时才更新,数据库保存对象的近似视图。为消除位置不确定性,引入过滤层来保存确切位置。

2-3TR-tree：构建两棵 R 树,一棵 2DR 树索引当前数据,一棵 3DR 树索引历史数据。与传统方法不同的是,3DR 树中保存点数据而非轨迹,避免大量死空间；同时采用 TB 树的底层结构,满足面向轨迹的查询需求。

3.3.2.3 时空分布式索引

随着分布式计算的发展,尤其是分布式文件系统的出现,分布式存储框架在时空大数据中得到大量应用。然而,传统的时空索引结构难以实现分布式时空数据库的要求,因此分布式时空索引机制的出现成为关键。时空分布式索引技术结合了分布式计算和时空数据的特性,旨在提高大规模时空数据的处理效率和查询性能。它通过将时空数据分散存储在多个节点上,并利用分布式索引结构来加速查询过程,从而实现对时空数据的高效管理。目前,比较知名的分布式索引有 ElasticSearch、Solr 等。

3.4 时空大数据查询

3.4.1 时空大数据查询的步骤

索引建立的目的是查询,时空大数据的查询是指对具有时间和空间双重属性的大数据进行检索的过程,不仅要考虑空间位置信息,还要考虑时间因素。时空大数据查询的主要步骤如图 3-8 所示。

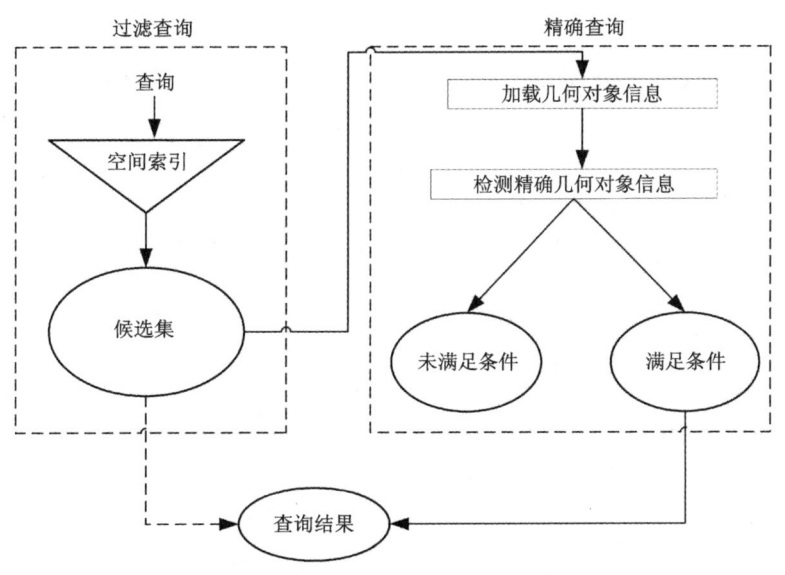

图 3-8 时空大数据查询的主要步骤

3.4.2 时空大数据查询的方式

时空大数据的查询,可以分为静态空间对象查询和动态对象查询两个方面。静态空间对象查询是在一个固定不变的数据集合中查找满足特定条件或具有特定属性的对象或数据元素的过程。针对时空大数据的静态查询对象,主要有点查询、范围查询、最近邻查询和反向最近邻查询等方法。动态对象查询是指在时空数据库中,对随时间和空间变化的对象进行查询。这些对象可能代表移动的人、车辆、动物,或者任何在空间中移动并随时间变化的实体。动态对象查询需要同时考虑时间和空间维度,需要实时或近乎实时地更新查询结果,主要有移动对象轨迹查询、连续最近邻查询等。

3.4.2.1 点查询

定义:给定一个查询点,找出所有包含该查询点的空间目标对象。这些空间目标对象可以是点、线、面等几何形状。

实现:点查询可以采用空间索引,如 R 树、四叉树等缩小搜索范围,提升查询效率。在 GIS 数据库中,可采用 SQL 语句,通过指定查询点和目标对象的几何类型,检索并返回包含查询点的所有空间目标对象。

3.4.2.2 范围查询

定义:范围查询是通过指定一个空间范围(如矩形、圆形区域或多边形等),从空间数据库中检索与该范围相交或包含在该范围内的所有空间对象。

实现:通过构建如 R 树、四叉树等空间索引可缩小查询范围,提高查询效率。在 GIS 数据库中可以通过 SQL 语句来实现与特定范围相交或包含在该范围内的所有空间对象的查询。

3.4.2.3 最近邻查询

定义:最近邻查询(nearest neighbor,NN),指给出一个查询点 Q 和一个点集 P,在点集 P 中,找出距离查询点 Q 的 $NN(Q)$,最近邻的要求根据用户需求定。最近邻可以是一个、两个或者三个。

实现:可以采用暴力搜索,通过遍历数据集中的所有点,计算每个点与查询点之间的距离,并找出距离最小的点;也可以通过 KD 树、R 树、四叉树等进行查询。当数据集非常大且对查询精度要求不高时,可以采用近似最近邻搜索算法。

3.4.2.4 反向最近邻查询

定义:反向最近邻(reverse nearest neighbor,RNN)目标是寻找将某个对象作为其最近邻的所有其他对象。即对于一个给定的对象 q,反向最近邻查询将返回所有那些以 q 作为它们自己最近邻的对象集合。

实现:可以通过 R 树、Voronoi 图、Delaunay 三角剖分、剪枝策略等方法,进行反向最近邻查询。

3.4.2.5 k 最近邻查询

定义:k 最近邻查询(k-nearest neighbor),或称 k-NN 查询,是指在给定的数据库 D 中,对于任意一个查询点 q,找出距离 q 最近的 k 个点。这里的"距离"可以根据具体的应用场景选择不同的度量方式,如欧氏距离、曼哈顿距离等。

实现:可以使用 KD 树和 R 树构建空间索引加速查询,并使用深度学习模型生成数据的向量表示,然后结合自定义查询函数和数据库的搜索排序功能来执行。

3.4.2.6 连续最近邻查询

定义:连续最近邻查询(continuous nearest neighbor,CNN)是指在时空数据库中,针对一个或多个移动对象,实时地返回距离这些对象最近的邻居。这些邻居可以是静态对象,也可以是其他移动对象。

实现:为了提高连续最近邻查询的效率并减少不必要的更新,通常需构建时空索引(如R树、四叉树、网格索引等)来高效管理时空数据,并利用安全区域技术减少查询频率。

3.4.2.7 移动对象轨迹查询

定义:移动对象轨迹查询是指在时空数据库中,根据给定的查询条件(如时间范围、空间范围、移动对象标识符等),检索出移动对象在特定时空范围内的轨迹信息;典型的类别包括时空范围查询、时态k-NN查询、空间k-NN查询和时空k-NN查询等。

实现:通过建立空间索引(如R树、STR树、TB树等)查询得到某一时刻中符合要求的对象,然后将不同时刻的查询对象集合起来便能得到移动对象的轨迹。

3.4.3 时空大数据查询优化

随着数据量的爆炸性增长,传统的查询方法已难以满足对海量大数据的高效查询需求。近年来,为了应对这一挑战,一系列优化查询效率的技术方法应运而生,包括查询重写、并行查询、查询缓存和分布式查询处理等。这些技术通过优化查询语句、利用并行计算资源、缓存频繁查询结果以及分布式处理等方式,显著提升了查询效率,为时空大数据等复杂数据类型的高效查询提供了有力支持。

(1)查询重写是数据库查询优化中一种重要的技术手段,其核心在于通过对原始查询语句进行等价转换,生成更高效、更易执行的查询计划。在时空大数据查询中,查询重写技术的应用场景丰富多样,包括子查询优化、谓词下推、等价变换等。

(2)并行查询是利用多个处理器或线程同时执行查询操作的技术,其目的是通过并行处理加快查询速度。在时空大数据查询中,数据量通常非常庞大,单个处理器的处理能力往往难以满足需求。因此,并行查询技术在提升查询性能方面具有显著优势。

(3)查询缓存是一种通过在内存中存储频繁执行的查询结果来减少查询响应时间的技术。在时空大数据查询中,查询缓存技术可以显著减少重复查询的开销,从而提高查询效率。

(4)分布式查询处理是将查询任务分解并分配到多个节点上并行执行的技术。在时空大数据查询中,数据量通常非常庞大,单个节点的处理能力往往难以满足需求。因此,分布式查询处理技术可以充分利用多个节点的计算能力,显著提高查询性能。

扩展与思考

(1)在时空大数据场景中,如何选择合适的索引技术?请比较四叉树索引、R树索引和网格索引的优缺点,并结合实际应用场景(如车辆轨迹数据)说明其适用性。

(2)请以 R 树索引为例,说明其在时空数据查询中的应用,并讨论如何通过组合索引进一步提升查询性能。

(3)在时空大数据查询优化中,查询重写、并行查询和查询缓存等技术如何协同工作以提高查询效率?请结合具体案例进行分析。

(4)分布式存储技术如何支持时空大数据的高效索引和查询?请结合 Hilbert 曲线编码技术,说明其在分布式环境中的应用。

(5)时空大数据的动态更新对索引结构提出了哪些挑战?请讨论如何设计索引结构以支持高效的数据更新和查询。

(6)在时空大数据中,如何实现包含空间、时间和属性的多维度查询?

(7)时空大数据的规模不断增长,如何设计索引结构以支持系统的可扩展性?

(8)请讨论分布式索引和并行查询技术在大规模数据场景中的应用。

第 4 章 时空大数据分析与挖掘

严格区分的话,数据分析和数据挖掘是两个在目的和方法上均有所区别的概念,但在实际应用中它们常被看作一个整体而难以明确划分,无论是数据分析还是数据挖掘,不同的方法通常都遵循相似的流程,并可利用相同的工具来执行。因此,在介绍数据分析和数据挖掘的各种具体方法之前,掌握相关通用技术显得尤为重要。本章节主要介绍时空大数据分析与挖掘的基本概念、时空大数据的预处理步骤、时空特征的提取方法、时空大数据分析与挖掘的模型分类、模型评估方法以及性能优化策略等通用技术,旨在为读者学习更专业的技术提供必要的基础知识铺垫。

4.1 基本概念

数据分析是指用适当的统计分析方法对收集来的大量数据进行分析,将它们加以汇总和理解并消化,以求最大化地开发数据的功能,发挥数据的作用。数据分析是为了提取有用信息和形成结论而对数据加以详细研究和概括总结的过程。这个过程的起点是确定分析目的,这个过程的终点是发现业务价值,提供数据支撑。在数据分析之前,通常都有明确的目标,甚至能初步预测会得到怎样的结果,因此数据分析以目标为导向。数据挖掘是从大量数据中提取出隐含的、先前未知的、具有潜在价值的信息的过程。时空数据挖掘专注于处理和分析包含时间和空间信息的数据,其目标是从这些数据中发现隐藏的时空规律、模式和知识,以支持决策制定和问题解决。不同于数据分析,数据挖掘之前往往不知道会得到什么样的结果,因此它以数据为核心,面向应用领域采用不同的方法,一般包括如下步骤。

(1)数据收集:收集所需的时空数据,这些数据可能源自各种不同的来源,如传感器、社交媒体、Web 抓取等。数据收集是时空大数据分析与挖掘的基础。

(2)数据清洗和预处理:对收集到的数据进行清洗和预处理,包括去除错误或缺失值、处理重复数据、对数据进行标准化等。这一步骤的目的是确保数据的准确性和完整性,为后续分析提供可靠的基础。

(3)特征选择:从原始数据中提取对分析有用的特征,如经纬度、时间戳等。特征选择有助于提高分析的效率和准确性。

(4)时空模式挖掘:根据业务需要,确定要进行数据挖掘的模式,包括分类分析、趋势预测、关联规则分析、聚类分析和过程模拟等。

(5)模型构建与验证:根据要开展的数据挖掘模式,构建数据挖掘模型,并使用评估指标来验证模型的性能。模型构建与验证有助于将挖掘到的知识应用于实际决策中。

（6）结果解释：对挖掘出的时空模式进行解释和可视化，以便更好地理解其含义和潜在的应用价值。

（7）结果应用和优化：将挖掘结果应用于实际问题解决，并收集反馈，根据反馈对模型进行调整和优化，以提高其准确性和实用性。

一个典型的时空大数据分析与挖掘包括时空数据预处理、时空特征提取、时空分类建模、模型评估，其中时空特征提取是基础，模型构建是数据分析与挖掘的核心，而模型评估则是确保结果可靠的关键，在有条件的情况下，还需要进行模型性能提升。

4.2 时空数据预处理

将清洗存储入库的数据重新提取出来，根据时空大数据分析与挖掘的需要，对数据进行预处理，能进一步提高数据的质量和一致性，去除噪声和冗余信息，为后续的时空数据挖掘任务提供高质量的数据支持。一般包括数据转换、数据规约和数据集成等技术。

4.2.1 时间格式转换

时间数据在不同的数据源中可能以不同的格式出现，时间格式转换是将时间数据从不同的表示形式转换为统一的格式，以便于进行排序、切片。

4.2.2 空间坐标转换

空间数据可能来自不同的地图投影系统或坐标系，空间坐标转换是将空间数据从不同的坐标系统转换为统一的坐标系统，以便于进行空间分析和可视化。

4.2.3 数据标准化与归一化

数据标准化与归一化是通过对数据进行变换，消除不同量纲和数据范围对分析结果的影响，使数据具有可比性。

常见的标准化方法为 Z-score 标准化，即将数据转换为均值为 0、标准差为 1 的分布，公式为

$$x_{标准化} = \frac{x - \mu}{\sigma} \tag{4-1}$$

式中：μ 是数据的均值；σ 是数据的标准差。

常见的归一化方法为 Min-Max 归一化，即将数据缩放到[0,1]区间，公式为

$$x_{归一化} = \frac{x - \min(x)}{\max(x) - \min(x)} \tag{4-2}$$

数据标准化与归一化可以消除量纲影响、提高算法性能。如许多机器学习算法（如 K-Means、SVM）对数据的尺度敏感，标准化和归一化可以提高算法的收敛速度和性能。

4.2.4 特征选择

特征选择是机器学习、数据挖掘和统计学中的一个重要过程,旨在从原始特征集中选择出最有信息量的特征子集,以提高模型的性能、减少计算复杂度并增强模型的可解释性。主要的特征选择法包括:①基于统计学的方法:如信息增益、卡方检验、相关系数等,用于评估特征与目标变量之间的相关性;②基于模型的方法:如 Lasso 回归、随机森林等,通过模型的特征重要性评分来选择特征;③基于启发式的方法:如递归特征消除(recursive feature elimination,RFE),逐步去除对模型贡献最小的特征。

4.2.5 数据降维

数据降维是利用数据降维度技术对数据进行降维处理,以保留数据的主要信息并减少计算量。主要的数据降维方法有:①主成分分析(principal component analysis,PCA):通过线性变换将数据投影到新的坐标系中,使得新坐标轴(主成分)的方向是数据方差最大的方向。PCA 可以去除数据中的冗余信息,保留最重要的信息;②线性判别分析(linear discriminant analysis,LDA):在降维的同时考虑类别信息,使得不同类别的数据在降维后的空间中尽可能分开;③t-SNE 和 UMAP:非线性降维方法,适用于高维数据的可视化,能够更好地保留数据的局部结构。

4.2.6 数据融合

多源数据融合和多模态数据融合是两种关键的数据处理方式,各自具备独有的特征与算法原理。

多源数据融合专注于整合来自多种源头如传感器、数据库等的异构数据,这些数据不仅格式和结构各异,而且可能存在冗余或互补的信息。其主要算法包括在特征层面上将不同来源的数据进行拼接(特征级融合)、基于各数据源独立决策结果的合并(决策级融合),以及通过集成学习方法组合多个基于不同数据源训练的模型(模型级融合)。

多模态数据融合涉及处理图像、文本、音频等多种类型的数据模式,面对高维度和复杂的跨模态相关性挑战。该过程可以通过早期融合直接在输入层面合并数据、晚期融合在输出端合并处理结果,或是采用交互式融合技术来显式建模模态间关系,并利用深度学习技术实现特征学习及子空间学习以提取有用的表示。

4.2.7 数据集成

通过建立统一的数据目录和标准,将来源各异、格式不同的时空数据进行集成和整合,形成一个统一的数据集。数据整合一般是在数据融合后,对所得到的结果数据进行集成入库。在数据集成过程中,需要关注数据的一致性和完整性,并进行必要的数据清洗和转换操作。

4.3 时空特征提取

对于时空数据,尤其是图像数据,特征提取是一项至关重要的技术,能够从图像中抽取有用的信息,以便进行图像识别、分类、检测等任务。图像特征主要有图像的颜色特征、纹理特征、形状特征和空间关系特征。典型的时空特征提取方法及其特征如表4-1所示。

表4-1 典型的时空特征提取方法及其特征

方法名称	简介	特点	应用场景
尺度不变特征变换(scale-invariant feature transform,SIFT)	一种用于检测局部特征的算法,通过检测特征点及其相关的尺度和方向描述子来提取特征	尺度不变性,旋转不变性,对亮度变化鲁棒;描述子为128维向量,计算复杂度较高	图像匹配、物体识别、三维重建、全景图拼接
加速稳健特征(speeded up robust features,SURF)	对SIFT算法的改进,通过Hessian矩阵的行列式值检测特征点,并使用积分图像加速计算	保持SIFT优点,计算速度更快;描述子为64维或128维向量	实时图像处理、嵌入式系统、图像匹配、物体识别、增强现实
方向梯度直方图(histogram of oriented gradient,HOG)	通过计算和统计图像局部区域的梯度方向直方图来构成特征	对光照和几何变换具有一定的不变性,能很好地描述局部形状信息;计算相对复杂	行人检测、车辆检测、目标识别
局部二值模式(local binary patterns,LBP)	通过比较中心像素与其周围像素的灰度值,转化为二进制数得到特征	计算简单,描述能力强,对光照变化鲁棒;基于直方图统计	人脸识别、纹理分类、图像检索
Haar特征	基于矩形框的特征,通过计算矩形框内像素和的差异来反映图像特性	与AdaBoost结合使用,检测效率高;能捕捉边缘、线和中心-周边对比信息	人脸检测、实时视频处理、目标识别
ORB(oriented FAST and rotated BRIEF)算法	结合FAST特征点检测和BRIEF特征描述子,加入方向信息实现旋转不变性	计算速度快,具有良好的旋转不变性;描述子为256维二进制向量	实时图像匹配、增强现实、机器人导航
角点检测	通过检测图像中亮度变化剧烈的点(角点)来提取特征(如Harris角点检测)	算法简单高效,基于自相关矩阵的特征值检测	图像拼接、运动检测、三维重建
边缘检测	通过检测图像中的边缘来提取特征(如Canny边缘检测)	能有效抑制噪声,准确检测边缘;基于梯度计算、非极大值抑制和双阈值检测	图像分割、形状分析、目标识别

续表 4-1

方法名称	简介	特点	应用场景
深度学习方法	通过训练 CNN 模型自动从图像中学习层次化特征（如卷积神经网络）	自动学习数据内在结构和特征，无须人工设计；强大的特征提取和泛化能力	图像分类、目标检测、语义分割、图像生成
自编码器(autoencoder)	无监督学习的神经网络，通过编码和解码学习输入数据的压缩表示	学习数据内在结构，适用于特征降维和异常检测；无监督学习	特征降维、异常检测、图像去噪

4.4 分析与挖掘模型

4.4.1 模型分类

大量研究表明，新时期地理学的核心使命在于探究自然与人文要素的时空分异规律及其相互作用关系，进而预测地球表层系统的时间演变过程。在地理信息科学及相关领域的研究与实践中，迫切需要 4 类时空分析的理论、技术与方法作为坚实的支撑。这 4 类关键方法分别是时空分类分析、时空聚类分析、时空关联分析以及时空预测分析。

时空分类分析与时空聚类分析在揭示地理实体时空分布模式的内在规律方面发挥着至关重要的作用。它们能够帮助我们识别出地理实体在时间和空间上的聚集特性以及异常表现，从而揭示出那些可能隐藏着重要信息或具有特殊意义的模式。

时空关联分析则侧重于刻画不同地理实体之间的时空交互关系。这种分析能够揭示出地理实体之间复杂的相互依赖和影响机制，有助于我们更深入地理解地理现象的本质。

时空预测分析则是基于历史数据和当前趋势，对地理实体时空属性的未来发展变化进行建模和预测。这种分析既包括对时空数据所呈现的特征进行趋势分析，还包括对复杂时空过程进行模拟。通过时空预测，能够为我们提供关于未来地理现象可能演变趋势的宝贵信息，有助于我们做出更加明智的决策。

虽然这 4 类时空分析方法各自面向不同的知识类型和应用场景，但在具体的地学应用中，它们往往不是孤立存在的。相反，通过不同知识之间的彼此增益和相互融合，可以为解决综合性的地理问题提供更加全面和系统的方案。在这 4 类时空分析的基础上，需要用时空可视化的技术对拟分析对象进行形象表达，以更好地描述分析结果。

鉴于以上考虑，本书将时空大数据分析与挖掘的主要内容，分解为时空可视化、时空分类分析、时空聚类分析、时空关联分析、时空趋势分析和时空过程模拟。

4.4.2 模型评估

模型评估是指对所使用的模型进行性能评估和验证的过程，包括模型不确定性、模型模拟参数的适用性、模型的精度及其泛化能力等多个方面。模型评估直接关系到我们能否准确衡量模型在实际应用中的表现。这一过程通常需要选择合适的评估指标，并结合具体应用场景来决定。

4.4.2.1 模型不确定性评估

模型不确定性评估是量化模型的预测结果与实际结果之间差异或不确定性的过程。这种不确定性可能源于多个方面，包括模型结构、数据噪声、参数设置等。模型不确定性评估的方法如下。

置信区间：表示一系列实验的可信度的概率分布区间。在监督式学习中，通过将预测结果与实际结果进行比较，并计算置信度，可以得出置信区间。置信区间越窄，表示模型的预测结果越可靠。

集成模型：通过结合多个模型的预测结果来提高整体预测的可信度。常用的集成方法包括 Bagging、Boosting 和 Stacking 等。这些方法通过降低单个模型的偏差和方差，从而减少模型的不确定性。

蒙特卡罗模拟：使用统计采样方法进行数值计算的方法。在模型不确定性评估中，可以通过在特定问题上进行多次采样来估计模型的不确定性。这种方法特别适用于复杂模型和大规模数据集。

贝叶斯推断：通过考虑后验概率和先验概率来估计模型参数的方法。在模型不确定性评估中，贝叶斯方法可以推断参数的不确定性，并进一步评估模型的不确定性。这种方法特别适用于小样本数据和具有先验知识的情况。

交叉验证：通过将数据集划分为训练集和测试集（或多个折叠），并多次训练模型来评估模型的稳定性和泛化能力。交叉验证的结果可以提供关于模型不确定性的有用信息。

4.4.2.2 模型性能评估

模型性能评估的主要目的是确保所构建的模型能够准确地反映数据背后的真实规律，并且在未见数据上具有良好的泛化能力。不同模型的性能指标不同。

1. 时空分类模型评估

混淆矩阵是评估分类模型性能的基础工具，通过比较实际类别与预测类别，可以计算出以下指标。

（1）准确率（Accuracy）：模型正确预测的样本数占总样本数的比例。

$$\text{Accuracy} = \frac{TP+TN}{TP+TN+FP+FN} \tag{4-3}$$

（2）精确率（Precision）：预测为正类的样本中，实际为正类的比例。

$$\text{Precision} = \frac{TP}{TP+FP} \tag{4-4}$$

(3) 召回率(Recall): 实际为正类的样本中, 被模型正确预测为正类的比例。

$$\text{Recall} = \frac{\text{TP}}{\text{TP} + \text{FN}} \tag{4-5}$$

(4) F1 分数(F1-Score): 精确率和召回率的调和平均数, 用于衡量模型在准确性和完整性之间的平衡情况。

$$\text{F1-Score} = 2 \times \frac{\text{Precision} \times \text{Recall}}{\text{Precision} + \text{Recall}} \tag{4-6}$$

式中: 真正例(true positive, TP)指模型正确预测为正类的样本数量; 假负例(false negative, FN)指模型错误预测为负类, 而实际为正类的样本数量; 假正例(false positive, FP)指模型错误预测为正类, 而实际为负类的样本数量; 真负例(true negative, TN)指模型正确预测为负类的样本数量。

2. 时空聚类模型评估

时空聚类分析模型的性能评估, 主要在于衡量聚类结果的紧密性和分离性以及聚类结果与真实标签的一致性。常用的指标如下。

(1) 轮廓系数(Silhouette coefficient): 用于衡量聚类结果的紧密性和分离性。值越接近 1, 表示聚类效果越好; 值越接近 -1, 表示聚类效果越差; 值越接近 0, 表示聚类结果可能不理想。

$$\text{Silhouette}(i) = \frac{b(i) - a(i)}{\max(a(i), b(i))} \tag{4-7}$$

式中: $a(i)$ 是样本 i 与其同一簇中其他样本的平均距离; $b(i)$ 是样本 i 与最近的其他簇中样本的平均距离。

(2) 戴维斯-邦丁指数(Davies-Bouldin index, DBI): 用于衡量簇内紧密性和簇间分离度。值越小, 表示聚类效果越好。

$$\text{DBI} = \frac{1}{N} \sum_{i=1}^{N} \max_{j \neq i} \frac{\sigma_i + \sigma_j}{d(c_i, c_j)} \tag{4-8}$$

式中: N 是簇的数量; σ_i 是簇 i 的平均距离; $d(c_i, c_j)$ 是簇 i 和簇 j 的中心之间的距离。

(3) 兰德指数(Rand index, RI): 用于衡量聚类结果与真实标签之间的一致性。值越接近 1, 表示聚类效果越好。

$$\text{RI} = \frac{a + b}{a + b + c + d} \tag{4-9}$$

式中: a 是聚类正确且真实标签也正确的样本数; b 是聚类错误且真实标签也错误的样本数; c 是聚类正确但真实标签错误的样本数; d 是聚类错误但真实标签正确的样本数。

此外, 还可用纯度、调整兰德指数(Adjusted Rand index, ARI)、F 值等进行评价。

3. 时空趋势模型评估

对于时空趋势分析模型, 一般从模型能否有效拟合样本表征的主要信息、模型能否准确地预测观测值两个方面对模型性能进行评价。

(1) Nash-Sutcliffe 效率系数(NSE)可评估模型对样本主要信息的拟合程度, 衡量模型的整体模拟性能, 公式如下:

$$\text{NSE} = 1 - \frac{\sum_{n=1}^{N}(y_n - \hat{y}_n)^2}{\sum_{n=1}^{N}(y_n - \bar{y})^2} \tag{4-10}$$

纳什效率系数 NSE 取值范围为 $-\infty$ 到 1 之间。当 NSE<0.5 时，模型的模拟效果差，结果不可信；一般当 $0.5 \leqslant$ NSE<1 时，模型的效果较好，表明模型相关参数能用于时空过程的模拟。

(2) 克林-古普塔效率系数(Kling-Gupta efficiency，KGE)评估参数主要用于评估水文过程模型的性能。

$$\text{KGE} = 1 - \sqrt{(r-1)^2 + \left(\frac{\tilde{y}}{\bar{y}} - 1\right)^2 + \left(\frac{\hat{y}_n}{y_n} - 1\right)^2} \tag{4-11}$$

当 KGE=1 时，表示模拟结果与观测结果完全一致；当 KGE>0 时，表示模拟结果较好，通常情况下，KGE 值越大，模拟性能越好；当 KGE<0 时，表示模拟结果较差，通常说明模型偏差较大，相关性和变异性表现不佳。

(3) 相关系数 r^2、决定性系数 R^2、均方根误差(RMSE)、归一化均方根误差(NRMSE)可评估模型能否准确地预测了观测值。r^2 和 R^2 越接近 1 表明模型的预测性能越好，RMSE 和 RMSE 值越接近 0 表明模型的预测性能越好。

$$r^2 = \left(\frac{\sum_{n=1}^{N}(y_n - \bar{y})(y_n - \tilde{y})}{\sqrt{\sum_{n=1}^{N}(y_n - \bar{y})^2 (y_n - \tilde{y})^2}}\right)^2 \tag{4-12}$$

$$\text{RMSE} = \sqrt{\frac{1}{N}\sum_{n=1}^{N}(y_n - \hat{y}_n)^2} \tag{4-13}$$

$$\text{NRMSE} = \frac{\sqrt{\frac{1}{N}\sum_{n=1}^{N}(y_n - \hat{y}_n)^2}}{\bar{y}} \tag{4-14}$$

$$R^2 = 1 - \frac{\sum_{n=1}^{N}(y_n - \hat{y}_n)^2}{\sum_{n=1}^{N}(y_n - \bar{y})^2} \tag{4-15}$$

式中：y_n、$\hat{y}_n$、$\bar{y}$ 和 $\tilde{y}$ 分别为观测值、预测值、观测值的平均值和预测值的平均值；N 为样本量。时空趋势分析模型的评估指标同样适用于时空过程模拟等模型的率定验证过程中。

4.4.2.3 模型效率评估

对于时空大数据模型，模型效率是重要的指标。模型效率评估是模型性能评估的重要任务，它主要关注模型在处理数据时的速度、资源消耗以及整体性能。常用的模型效率评估指标和方法如表 4-2 所示。

表 4-2 常用的模型效率评估指标与方法

评估维度	评估指标	评估方法	特点
计算速度	FLOPs（浮点运算次数）	使用工具（如 ptflops）计算模型的浮点运算次数	直接反映模型的计算复杂度，FLOPs 越低，计算速度越快
训练时间	训练时长（h/d）	记录模型从开始到结束训练的总时间	可直接比较不同模型的训练效率，但受硬件和数据量影响
推理预测时间	推理速度（FPS，每秒处理帧数）	在测试集上运行模型，记录处理一定数量数据的时间	反映模型在实际应用中的响应速度，FPS 越高越好
模型大小	参数数量（参数量）	统计模型中可训练参数的总数	参数量越大，模型通常越复杂，但计算和存储需求也越高
算力需求	GPU 小时数	根据训练过程中使用的 GPU 数量和训练时间计算	量化模型训练所需的硬件资源，便于成本评估
算法复杂度	时间复杂度、空间复杂度	理论分析算法的运行时间和内存占用	不依赖具体硬件，适用于算法设计阶段，但无法反映实际运行中的细节
模型压缩	压缩率、量化精度	使用量化、剪枝等技术减少模型大小	可显著降低模型的存储和计算需求，但可能影响模型精度

4.4.2.4 模型可解释性评估

模型可解释性是指人类能够理解并理解决策原因的程度，即能够清晰地解释模型是如何基于输入数据做出特定预测的。在实际应用中，模型的可解释性，能够使用户更容易信任能够解释其决策过程的模型、提高模型的法律与合规性、有助于开发者理解模型的内部机制，开发者可以更有效地优化和改进模型，确保模型的可靠性和安全性。模型的可解释性评估方法包括全局解释评估法（特征重要性分析法）、局部解释评估方法［如模型的局部解释（local interpretable model-agnostic explanations，LIME）、SHAP（shapley additive explanations）］、可视化解释方法（决策树可视化和激活图与卷积核可视化）等。

4.4.2.5 模型安全计算

模型安全计算是指在保护数据隐私和模型参数安全的前提下，确保模型的训练、推理和服务过程的安全性。随着人工智能技术的发展，特别是在涉及敏感信息的应用场景中（如医疗、金融和个人数据处理），模型安全计算变得尤为重要。常见的模型安全计算方法及其特征如表 4-3 所示。

表 4-3 模型安全计算方法与特征

技术	特征	适用范围
联邦学习	中心化架构,通过中心节点汇聚各参与方结果;弱侵入式接入,结合现有算力平台;保护数据隐私,避免数据集中存储风险	多参与方数据合作场景;数据隐私保护要求高的场景,如医疗、金融
安全多方计算	多方合作计算函数,无须暴露输入数据;使用密码学技术(如秘密共享、不经意传输、混淆电路)确保数据隐私	数据隐私要求高的联合数据分析
差分隐私	在数据中添加随机噪声,保护个体隐私;适用于数据精调和推理阶段;保护用户数据隐私,防止数据泄露	需要保护用户隐私的场景,如在线服务、移动应用
同态加密	在加密状态下进行数据计算,保护数据隐私;支持密态数据输入和输出;包括全同态加密和多方安全计算	对数据隐私要求极高的场景;需要在云端进行安全计算的场景
可信执行环境	基于硬件的安全隔离环境;支持高性能处理,保护数据和模型隐私;支持多种硬件平台,如 Intel SGX、AMD SEV、海光 CSV	云计算环境中的数据和模型保护;需要高性能和高安全性的场景
安全沙箱	构建隔离环境,分离模型和数据的使用权与所有权;提供算力管理和通信功能;结合密钥管理系统进行数据加密和解密	模型精调和推理服务;需要隔离和保护模型与数据的场景
模型保护方案	包括语料数据管理和模型资产保护;涵盖模型训练、流转、推理、微调等环节	大模型的全生命周期管理;防范模型文件和数据泄漏
AIGC 内容合规	预训练数据过滤、内容干预系统、安全分类算子;输出内容安全过滤,确保生成内容合规	生成式大模型的内容生成和审核;需要符合伦理和法律要求的场景

4.4.3 模型性能提升

2025 年初,中国版大模型 DeepSeek 横空出世,以卓越的性能、极低的训练成本和开源生态策略迅速成为全球科技界的焦点。DeepSeek 的发布不仅标志着中国在人工智能领域的重大突破,更被视为全球 AI 竞争格局的重要转折点。DeepSeek 通过创新的混合专家系统和动态计算路由技术,显著降低了模型训练和推理的算力消耗,训练成本仅为 557 万美元,远低于同类模型的数亿美元投入。DeepSeek 的成功源于其优秀的模型性能,包括高效的训练策略和推理能力、优异的模型压缩和量化技术、低算力需求以及显著的成本效益。因此,在时空数据分析和挖掘的过程中,选择和应用模型只是第一步,不断改进它的性能是更好使用模型的关键。通过评估模型,可以识别模型的弱点,并采取措施来改进它们。这有助于不断提升模型的性能,使其更适用于实际应用。

针对影响模型性能的指标,出现了一系列优化方式,这些方法主要集中在降低模型的时间复杂度和空间复杂度、提高运行效率、增强硬件利用率、提升模型的并行性和分布式处理能力、优化压缩技术以及参数优化等方面,主要方法如表 4-4 所示。

表 4-4 模型性能提升方法

提升方向	方法和策略	具体实现	优势
降低时间复杂度	优化算法设计	使用自适应学习率调整算法和梯度优化算法(如 Adam、RMSprop),使模型更快收敛	减少训练时间,提高训练效率
	动态稀疏注意力机制	通过动态稀疏注意力机制,减少不必要的计算	提高计算效率,降低时间复杂度
降低空间复杂度	模型压缩与量化	采用剪枝和量化技术,减少模型的存储需求和计算量	降低模型大小,减少内存占用
	稀疏化训练	使用 MoE 架构,通过稀疏激活机制减少计算开销	提高计算效率,减少显存占用
提高运行效率	硬件与软件协同优化	选择适合模型计算需求的芯片,并开发高效的计算框架	充分发挥硬件性能,提升运行效率
	混合精度优化	使用 FP8 混合精度训练框架,减少显存占用,提高计算速度	提高计算效率,减少资源消耗
	多 Token 方案	采用多 Token 预测(MTP)训练目标、利用 MLA 机制	提高推理效率
提高硬件利用率	自定义通信协议	优化 GPU 间数据传输和同步机制,提高预训练吞吐量	提高硬件资源利用率,提升训练效率
	动态资源调度	根据系统负载实时调整资源分配,优化模型响应速度	提高资源利用率,适应不同负载需求
提高并行性和分布式处理能力	分布式训练	采用分布式训练框架,支持大规模数据并行处理,实现数据并行、模型并行和流水线并行	提高训练速度,支持大规模模型训练
	多 GPU 通信优化	优化多 GPU 之间的通信机制,减少通信开销	提升分布式训练效率,减少延迟
提高模型压缩和优化技术	知识蒸馏	将大规模模型中的知识迁移到轻量级模型中	降低模型大小,保持高性能
	分块量化	采用分块量化和块级量化,减少量化误差	提高压缩效率,减少存储需求

续表 4-4

提升方向	方法和策略	具体实现	优势
提高模型参数优化技术	LoRA 微调	通过仅训练模型的特定部分进行微调,减少内存使用	提高微调效率,减少资源消耗
	动态结构演化	根据输入类型自动重组网络结构,增强多任务泛化性	提高模型适应性,优化参数配置
	正则化	通过 L1/L2 正则化、Dropout 等技术防止过拟合	提升模型稳定性,改善泛化效果
	快速收敛	采用自适应学习率调整算法和梯度优化算法	使模型更快收敛,减少训练时间和计算资源消耗

扩展与思考

(1)时空分析与时空挖掘的主要区别是什么?请举例说明它们在实际应用中的不同场景。

(2)时空大数据通常存在哪些质量问题?请列举至少3种常见的时空数据预处理方法,并说明它们的作用。

(3)在时空大数据中,常见的时空特征有哪些?请描述一种具体的时空特征提取方法,并说明其在数据分析中的作用。

(4)在时空大数据分析与挖掘中,常用的模型性能评估指标有哪些?请说明这些指标的计算方法及其在模型选择中的作用。

(5)如何评估时空分析与挖掘模型的效率?请列举至少3种效率评估指标,并说明它们在实际应用中的重要性。

(6)为了提升时空分析与挖掘模型的性能,可以采取哪些优化策略?请列举至少3种方法,并说明它们的实现原理和效果。

(7)在时空大数据分析中,如何实现数据的实时处理?请描述一种实时处理框架,并说明其在实际应用中的优势。

(8)外媒评价 DeepSeek 是人工智能领域的"一场地震""一座里程碑",从模型性能提升的角度说说 DeepSeek 成功的原因,DeepSeek 的成功有什么启示?

第 5 章 时空可视化

时空可视化在时空大数据分析与挖掘中扮演着举足轻重的角色,是揭示挖掘成果精髓的关键途径。鉴于此,将其选为首个专题技术进行深入剖析。时空可视化不仅需依据特定的设计原则进行,而且拥有多样化的实现方法,并伴随着丰富实用的工具。本章节将全方位地阐述这些原则、方法及工具,旨在为读者深入理解和有效应用时空可视化提供详尽的指引。此外,结合本团队在研究实践中的真实案例,本章节将展示如何利用时空可视化技术来开展水质时空演变趋势的深度分析,以期为读者提供更为直观和具体的应用示范。

5.1 时空可视化概述

5.1.1 时空可视化概念

可视化是利用人眼感知能力和人脑智能,对数据进行交互的可视表达,以增强认知的一门学科,将难以直接显示或不可见的数据映射为可感知的图形、颜色、纹理、符号等,以提高数据识别效率并高效传递有用信息。时空数据可视化将数据在时间和空间维度上进行展示,通过图表、地图、动画等方式,使用户能够深入理解和分析数据的变化趋势及空间分布特征。这一技术涵盖了时间序列可视化、地理信息可视化以及动态可视化等多个方面。

(1)时间序列可视化专注于通过图表等视觉元素,清晰地揭示数据在时间维度上的演变规律。在这一领域,折线图、柱状图以及热力图等是常用的可视化手段,它们能够直观地展示数据随时间流逝所呈现出的趋势和模式,帮助用户把握数据的时间动态。

(2)地理信息可视化则侧重于利用地图等空间表达工具,形象地描绘数据在空间维度上的分布情况。点图、热力图和等高线图等是地理信息可视化的典型方法,这些可视化手段使用户能够直观地观察到数据在不同地理位置上的分布特征以及可能存在的空间模式或趋势。

(3)动态可视化则结合了时间和空间两个维度,通过动画等动态形式来呈现数据的复杂变化过程。动态热力图、动态渲染图和动态轨迹图是动态可视化的典型代表,它们能够生动地展示数据在时间和空间上的动态演变,使用户能够更全面地理解数据的时空特性。

5.1.2 时空可视化的要素

可视化的核心要素涵盖了多个方面,它们共同构成了数据呈现与解读的基础框架,常用的可视化要素包括视觉暗示、坐标系、背景信息、标尺。这些要素相互协作,使得数据能够以一种直观、生动且易于理解的方式呈现给观众。

5.1.2.1 视觉暗示

视觉暗示是指通过查看图表就可以与潜意识中的意识进行联系从而得出图表表达的意识。常用的视觉暗示主要有位置(位置高低)、长度(长短)、角度(大小)、方向(方向上升还是下降)、形状(不同形状代表不同分类)、面积(面积大小)、体积(体积大小)、饱和度(色调的强度,就是颜色的深浅)、色调(不同颜色)。

5.1.2.2 坐标系

坐标系是一个由水平和垂直轴组成的参考框架,用于确定和表示数据在图表或平面上的位置。它通过横轴(X 轴)和纵轴(Y 轴)将数据点映射到具体的位置,从而帮助用户理解和分析数据。在数据可视化中,坐标系是一个至关重要的概念,它为数据的展示和分析提供了一个准确的空间框架。常见的坐标系种类有直角坐标系、极坐标系和地理坐标系。直角坐标系(笛卡尔坐标系)由两条相互垂直的轴组成,分别代表两个独立的变量;广泛应用于柱状图、折线图、散点图等图表类型。在直角坐标系中,横轴通常表示自变量(如时间、类别等),纵轴表示因变量(如数值大小)。极坐标系由极点、极轴和夹角组成,用于表示数据点的位置和方向;适用于展示周期性或环状数据,如雷达图、玫瑰图等。地理坐标系使用三维球面来定义地球表面位置,通过经纬度来引用地球表面的点位,主要用于地图数据可视化,如人口密度分布、销售区域分析等。

5.1.2.3 标尺

标尺,其功能则在于测量这些不同方向和维度上的具体数值大小,其作用类似于我们日常生活中所熟知的刻度。举例来说,比例尺能够展示实际距离与图上距离的比例关系,经纬网帮助我们确定地理位置,而横轴与纵轴则分别代表二维平面中的水平与垂直方向上的度量。这些标尺形式,如比例尺、经纬网以及横纵坐标轴,都是数据可视化中不可或缺的组成部分,它们使得数据的呈现更加精确且易于理解。

5.1.2.4 背景信息

背景信息是指与数据可视化图表相关的、用于帮助观众更好地理解数据的额外信息。这些信息通常包括数据的来源、数据的收集和处理方法、数据的时间范围、数据的单位等(who、what、when、where、why)。背景信息的主要功能是提供数据的上下文环境,使得观众能够更准确地理解数据的含义和价值。在复杂的数据可视化图表中,背景信息可以帮助观众更好地理解图表中的数据和关系,通过提供额外的解释和说明,背景信息可以降低观众的认知负担,提高数据可视化的效果。

5.1.3 时空可视化的原则

可视化的核心原则在于实际应用效果,而非技术展示的华丽程度。一个常见的误区是将可视化视为技术炫耀的平台,过分追求复杂视觉效果和动画,却忽视了其本质目的——清晰、准确地传达信息。为实现这一目的,应遵循几个关键原则:首先是最大化数据墨水比原则,确保图表中视觉焦点集中于数据元素本身,最小化非数据元素的影响,使图表更加简洁直观;其次是 CRAP 原则,即对比(contrast)、重复(repetition)、对齐(alignment)与亲密性(proximity)四大视觉设计基础框架,有助于吸引注意力、增强设计连贯性、营造清晰视觉效果及有效组织信息;再者是配色原则,合理使用颜色以增强图表美观性、可读性及信息传达效率,包括使用相同颜色表示同类数据、高对比度颜色组合、背景与数据颜色良好对比、考虑颜色情感及限制颜色数量等;最后是字体原则,选择无衬线字体优先、避免复杂字体、区分字体大小与层次结构、字体颜色与背景色协调、强调重要信息及保持字体一致性与专业性,以提升数据可视化的整体效果,确保每一设计元素都精准服务于数据信息的清晰传达。

5.2 时空可视化方法与工具

5.2.1 时空可视化模型

时空可视化的目标是分析客体在时间和空间维度的行为特征,因此首先应建立时空行为框架,并对时空行为模式进行分类。不同的研究人员依据不同的原则给出了相关概念的定义和分类方法。如 Peuquet 提出了依据空间(space)、时间(time)和对象(object)3 个基本要素的时空可视化任务分类方法;而在此基础上,Andrienko 等基于空间(space,S)、时间(time,T)、属性(attribute,A)和对象(object,O)4 个时空数据基本要素,给出了更加全面和系统的时空事件和时空可视化技术的模型,如表 5-1 所示。

表 5-1 Andrienko 等提出的时空事件和时空可视化模型

事件描述	可视化技术	图例
描述对象的空间位置 (含主题属性)	地图展示: S:地图 O:地图要素 A:颜色、形状、大小等视觉变化	O+A / S
描述对象的时间位置 (含主题属性)	时间序列/柱状图: T:时间轴 A:颜色、形状、大小等视觉变化 O:点、线或柱	O A / T

续表 5-1

事件描述	可视化技术	图例
描述对象的空间+时间位置(含主题属性)	地图序列： T:序列序数 S:地图 O:地图要素 A:颜色、形状、大小等视觉变化	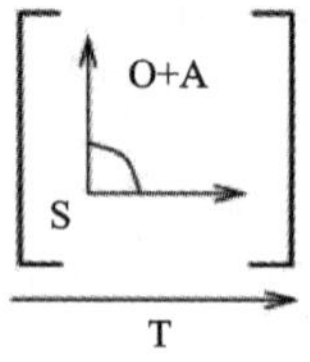
描述空间+时间轨迹	时空体 3D 可视化： S+T:地图中的 3D 位置 O:三维地图要素 A:颜色、形状、大小等视觉变化	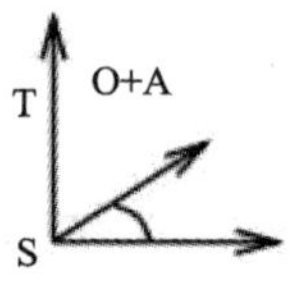

5.2.2 时空可视化方式

随着信息化技术的发展，时空可视化的方法展现出极高的多样性和灵活性，涵盖了多种多样的技术手段和表现形式。按照可视化数据的类型，可以分为时间序列可视化、地理空间信息可视化和时空动态可视化等方面。

5.2.2.1 时间序列可视化

时间序列可视化是通过图表等形式，将数据在时间维度上的变化趋势呈现出来。常见的时间序列可视化方法包括折线图、散点图、柱状图、面积图等，如表 5-2 所示。

表 5-2 时间序列可视化常见图形

类型	功能	示意图
折线图	通过连接一系列数据点来展示数据随时间或其他连续变量的变化趋势，帮助观众理解数据的发展趋势和周期性变化	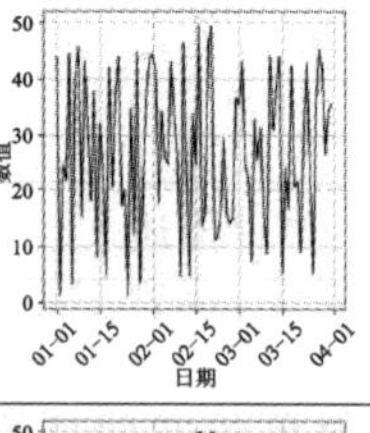
散点图	在直角坐标系平面上，用数据点的分布来表示两个变量之间关系的图表；可以判断变量之间的关联或变化趋势	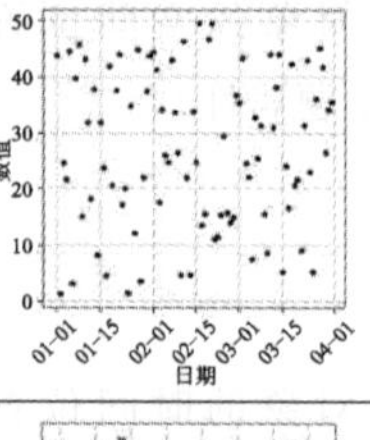
柱状图 （条形图）	以长方形的长度（或高度，取决于展示方向）表示数值的图形。用于展示离散的数据，能直观反映各项数值之间的比较情况	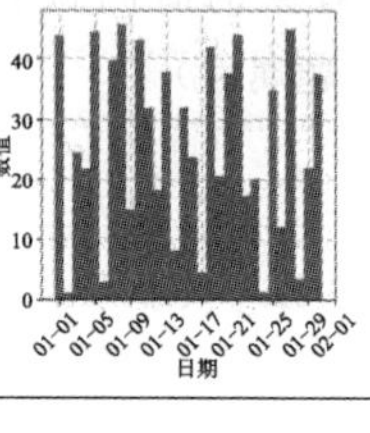

续表 5-2

类型	功能	示意图
面积图	用于展示随时间变化的数量或百分比,在折线图的基础上,通过填充折线与坐标轴之间的区域,形成一个封闭的面积	
箱线图	用于显示时间序列数据分散情况,可展示一组数据的最大值、最小值、中位数和可能的异常值;也称为箱形图、盒须图或盒式图	
饼图	通过将一个圆形分割成若干个扇形区域来表示数据的比例关系,每个扇形区域的大小与该部分在整体中所占的比例成正比	
旭日图	一种具有多个层级且层级之间具有包含关系的饼状图表,适合展示具有父子关系的复杂树形结构数据,如季度月份时间层级等	
热图（色块图）	利用颜色的深浅来表示数据大小或密度的图形表示方法,非常适用于分析那些可以通过矩阵或表格形式展现的数据集	
雷达图（蜘蛛网图）	每个变量都有一个从中心向外发射的轴线,所有的轴之间的夹角相等,同时每个轴有相同的刻度,用于比较多个维度的时间序列数据	
玫瑰图	用不同的花瓣表示不同时间的统计量或占比,适用于当数据差异不是很大且需要突出数据大小的对比	

除了上述图形外,还有直方图、甘特图、点阵图、平行坐标图、网络图、象形图等多种时间序列数据的可视化图形。它们各自具有不同的特点和应用场景,可以根据具体需求选择合适的图形进行数据可视化展示。

5.2.2.2 地理空间信息可视化

地理空间信息可视化指通过图形、图像和地图等形式,将数据在空间维度上的分布情况呈现出来。地理空间数据除能用时间序列可视化方式中的图像,展示不同区域的数据属性特征外,最主要的是依靠地图进行可视化展示。按照地理空间要素的类别,地图可视化可以分为点数据、线数据、面数据和栅格数据4种方式。

1. 点数据可视化

点数据可视化是将离散的点数据在地图上呈现出来,帮助人们理解数据的分布、聚集和趋势。点数据通常表示为一系列坐标对(经纬度或 X/Y 坐标),每个坐标对代表一个点的位置。点本身没有形状和尺寸,为了表达不同要素,可以赋予每个点元素不同的符号、颜色和形状,以实现多样化的表达方式,以描述点数据的空间分布特征或区域差异,如图 5-1 所示。

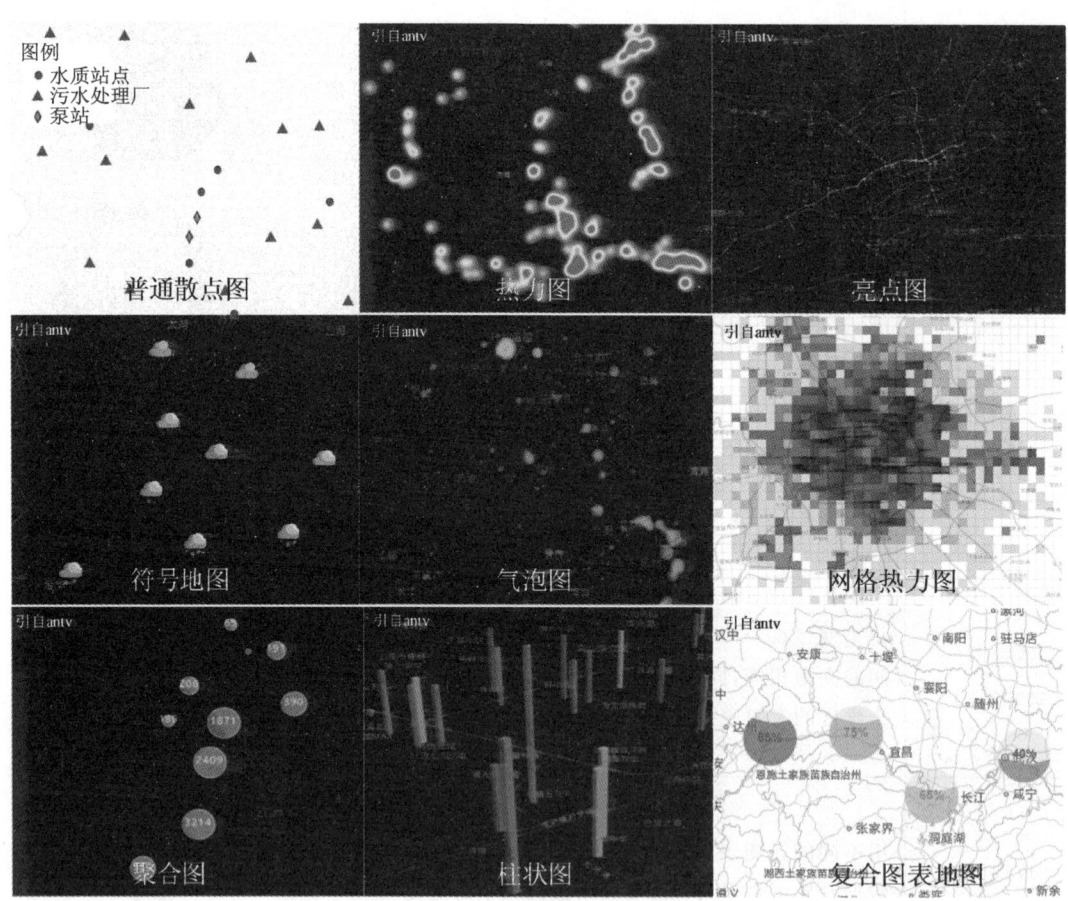

图 5-1 点数据可视化方式

(1)描述点数据的空间分布规律,帮助用户了解整体分布趋势,可以采用普通散点图、热力图、亮点图和符号地图等方式。普通散点图依据点的属性特点,利用不同颜色或者不同符号在地图上展示点的分布;热力图主要通过颜色的变化来显示数据点的密集程度或权重大小;亮点图则通过点的叠加模式突出数据密集区域,数据越密集,可视化表达颜色越亮;符号地图则通过特殊的符号,表示不同点的属性特征。

(2)展示不同区域的分布差异,帮助用户快速对比空间分异特征,可以采用气泡图、网格热力图、聚合图、地图柱以及复合图表地图等方式。气泡图将数据点以气泡的形式在地图上显示,气泡的大小或颜色差异表示数据属性的差异;网格热力图使用规则的网格单元和特定的颜色编码来组织数据,明确展示网格的具体数值差异;聚合图将不同区域的点数据数量进行统计,提供分层级细节查看功能,实现大批量点数据的清晰展示;地图柱通过在区域上叠加柱子,利用柱的高度差异体现数据的差异;复合图表地图通过文字标注、颜色、地图上叠加统计图等方式展示不同区域的差异。

2. 线数据可视化

线数据可视化就是把线数据的走向信息,加上宽度、颜色等要素,在地图上进行可视化展示。线数据由一组经纬度坐标组成,用来表示线路的空间走向。通过线数据可视化,可以更好地理解地理空间中的线性特征,其可视化方式可以分为路径图、等值线图和流向图,如图 5-2 所示。

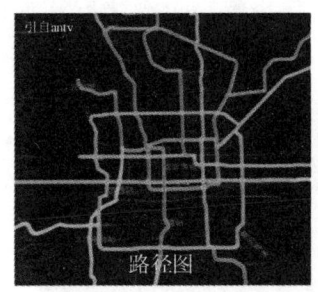
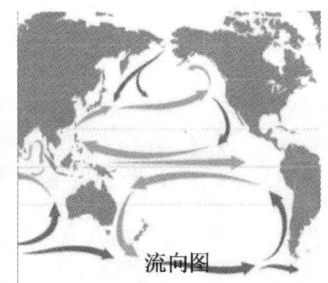
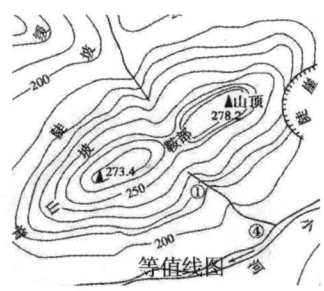

图 5-2 线数据可视化方式

路径图由一系列经纬度点组成,用于描述数据在空间中的运动轨迹和分布情况;流向图由起点和终点的经纬度组成,无须途经点位信息,主要表达从起点到终点的流动方向;等值线图是将数值相等(或相近)的各点连接起来的线,通过这些线可以直观地看出数值的空间分布趋势和形态特征。

3. 面数据可视化

面数据可视化通过将地理空间中的面状数据以图形、图像等直观形式展现出来,从而更好地帮助人们理解和分析地理空间中的复杂信息。面数据是以地球表面特定区域或面状地理实体为对象,描述其空间位置、形状、大小、属性等特征的数据集合。面数据可视化的主要方式有平面地图、填充图、面状热力图等,如图 5-3 所示。

平面地图是最基本的面数据可视化形式,通过不同的颜色、纹理或符号来表示不同的地理要素或属性值;填充图将地理区域划分为不同的部分,并使用不同的颜色或图案来填充这些部分,以表示不同的属性值或分类;面状热力图通过颜色的渐变来表示数据的密集程度或强度。

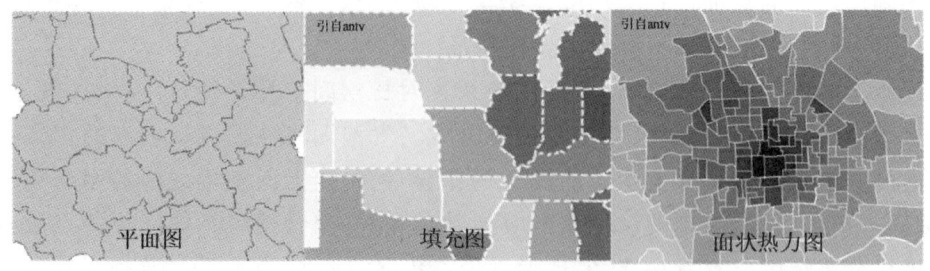

图 5-3 面数据可视化方式

4. 栅格数据可视化

栅格数据可视化是通过颜色渲染,以直观、易于理解的方式展示栅格数据中的信息。栅格数据是指由规则的网格单元组成的空间数据,用于描述地球表面或其他空间现象的离散化表示。栅格数据可通过灰度图像、伪彩色图像和真彩色图像,以描述数据的特征,增强数据的可读性和区分度;可通过热力图,根据数据值的大小或强度为栅格赋予不同深浅的颜色;可通过叠加地形高程,显示地面的起伏状态、地形特征和地物分布;还可以将栅格数据转换为三维模型,通过调整表面的高度、颜色或纹理来表示数据的变化。栅格数据可视化方式如图 5-4 所示。

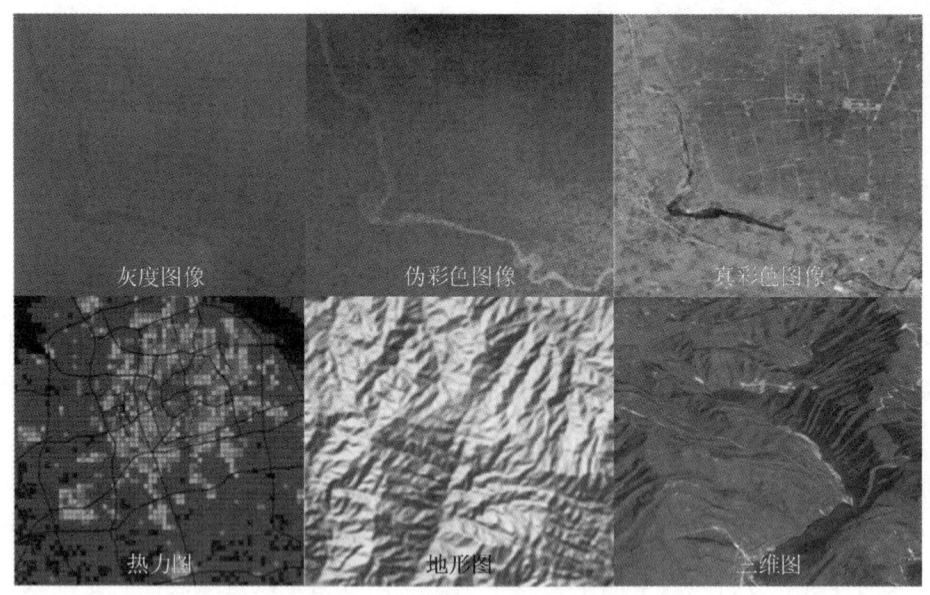

图 5-4 栅格数据可视化方式

5.2.2.3 时空动态可视化

时空动态可视化是一种将具有时间元素并随时间变化而变化的空间数据以动态的形式进行可视化的技术;这种技术能够直观、生动地展示各种空间信息的变化过程,帮助用户更好地理解数据的时空特性和规律。通过时空动态可视化可同时展示时间、空间和属性等多个维度的信息，用户能够全面理解数据的复杂性和多层次特征；通过动态展示数据随时间的变化趋势，用户可以观察到数据的周期性、突变性等特征，为决策支持提供重要依据。在时空动态可视化过程中，还可以通过交互操作(如拖曳、缩放、点击等)来深入探索数据，获取更深层次的洞察。

常见的时空动态可视化包括动态地图和时空动画。动态地图是反映自然和人文现象随时间变化和运动状态的地图，它不仅展示静态的地理信息，还通过动态更新和交互功能，实时反映地理现象的变化。动态地图可通过定期或实时地更换地图画面展示地理现象的变化，也可以利用动画技术模拟地理现象的动态过程。时空动画通过将二维、三维的时空图，利用时间帧联系起来，形成动画的形式，从而表达出不同时间、时空画面的连续性、时间的流逝感以及空间的转换特征。

5.2.3 时空可视化工具

5.2.2.1 桌面端工具

利用桌面端工具进行可视化可以高效地创建复杂且精细的可视化图表和图形。这些工具通常功能强大，适合进行深度的数据分析和呈现。广泛使用的桌面端工具涵盖了 GIS 软件，如 ArcGIS、QGIS、MapGIS、SuperMap 等，它们专注于地理信息的可视化；同时，也包括专业可视化软件，如 Vesta、GeoDa、Matlab、Tecplot、Visual Graph、Tableau、OriginLab、ChiPlot、Adobe Illustrator、GraphPad Prism、Inkscape 等。

5.2.2.2 Web 端工具

Web 端可视化工具凭借其跨平台兼容性、实时数据更新、强大交互性、便捷的分享协作功能以及无须安装软件的特性，仅需一个浏览器便能进行专业的可视化分析，因此成为当前流行的可视化手段。在国内外，知名的 Web 端可视化工具包括 Echarts、AntV、BioRender、Hiplot、Figdraw、GeoDa、FineBI 和 DataV 等。

5.2.2.3 Python 库

Python 作为数据科学和机器学习领域的热门编程语言，其丰富的库资源在时空大数据可视化方面展现出极高的价值。目前，诸如 Matplotlib、GeoPandas、OpenGL、Seaborn、Plotly、Bokeh、Altair 以及 Plotnine 等 Python 库被广泛应用于时空数据的可视化。特别是结合 Matplotlib 和 GeoPandas 等库，能够生成包括地图、热图在内的多种空间数据可视化效果，非常适合处理复杂的地理数据场景。

5.2.2.4 JavaScript 库

JavaScript 库已成为网页和移动应用中时空数据可视化的首选解决方案，它们能够创建交互式和响应式的地图，极大地提升了用户体验。在众多 JavaScript 库中，Leaflet、D3.js、Three.js、NVD3、Chart.js、Highcharts、ZingChart 以及 Raphaël 等被广泛使用，各自提供了强大的可视化功能和灵活性。

在使用专业的可视化工具进行时空数据展示时,还可以借助一些辅助工具,如配色工具能帮助精心挑选配色方案(ColorSpace、ColorBrewer),素材工具提供了丰富的图形、图标和设计模板(freepik、SMART、Canva、RAWGraphs、Iconfinder、Flaticon)等高效率地进行时空大数据可视化。

5.3 案例:长江流域水质时空异质性演变趋势

5.3.1 问题来源

长江是中华民族的母亲河,切实保护和利用好长江水系水资源,严格控制和治理区域水污染,符合长江经济带的重要战略定位,是长江大保护的重要内容。通过可视化方法,对长江流域2003—2018年的实测水质数据进行分析,能识别出长江流域整体和分区水质的空间异质性和时间演变趋势,这有利于根据不同河段、不同子流域的水质特征、自然条件、社会经济状况,完善和细化分区治理目标。

5.3.2 可视化过程

5.3.2.1 数据采集

水质数据:获取包括2003年6月—2018年12月长江流域11个二级分区58个站点的月监测水质数据。水质指标包括酸碱度(pH)、高锰酸盐指数(CODMn)、溶解氧(DO)、五日生化需氧量(BOD_5)、氨氮(NH_3-N)、总磷(TP)、砷(As)、六价铬(Cr^{6+})、铅(Pb)、挥发酚、铜(Cu)、氰化物等12项。

基础地理信息数据:省、市空间行政边界来源于国家基础地理信息中心;长江流域1∶25万二级流域分级矢量数据。

统计面板数据:各省市废水排放总量、化学需氧量排放量、氨氮排放量、规模以上工业企业单位数、农用化肥施用折纯量、城市污水日处理能力、工业污染治理完成投资、治理废水项目完成投资等统计数据均来自《中国统计年鉴》《中国城市统计年鉴》《中国环境统计年鉴》及各省市统计年鉴等官方数据。

5.3.2.2 数据处理

将采集到的数据进行清洗,得到标准化、准确连续的水质数据集。采用单因子评价法、WQI_{min}指数评价法对数据进行水质评价,使用统计分析软件 SPSS 25.0 对流域尺度不同社会经济因素与各水质监测指标进行 Pearson 相关性分析,探究水质因子与社会经济因子的关系。

5.3.2.3 数据可视化

采用桌面软件 ArcGIS 对数据进行空间特征可视化,采用 OriginLab、Excel 软件制作相关统计图表。

5.3.3 可视化结果

5.3.3.1 长江流域主要水质指标空间分布图

利用 ArcGIS 对长江流域二级流域主要指标进行多年平均单因子评价和 WQI 结果展示,得到空间分布如图 5-5 所示。空间分布图通过不同颜色的渲染,能明显地看出不同区域的分异特征。从图中可以看出,乌江的 COD_{Mn}、NH_3-N、TP 等指标和 WQI_{min} 值,相比于其余子流域,明显较差。

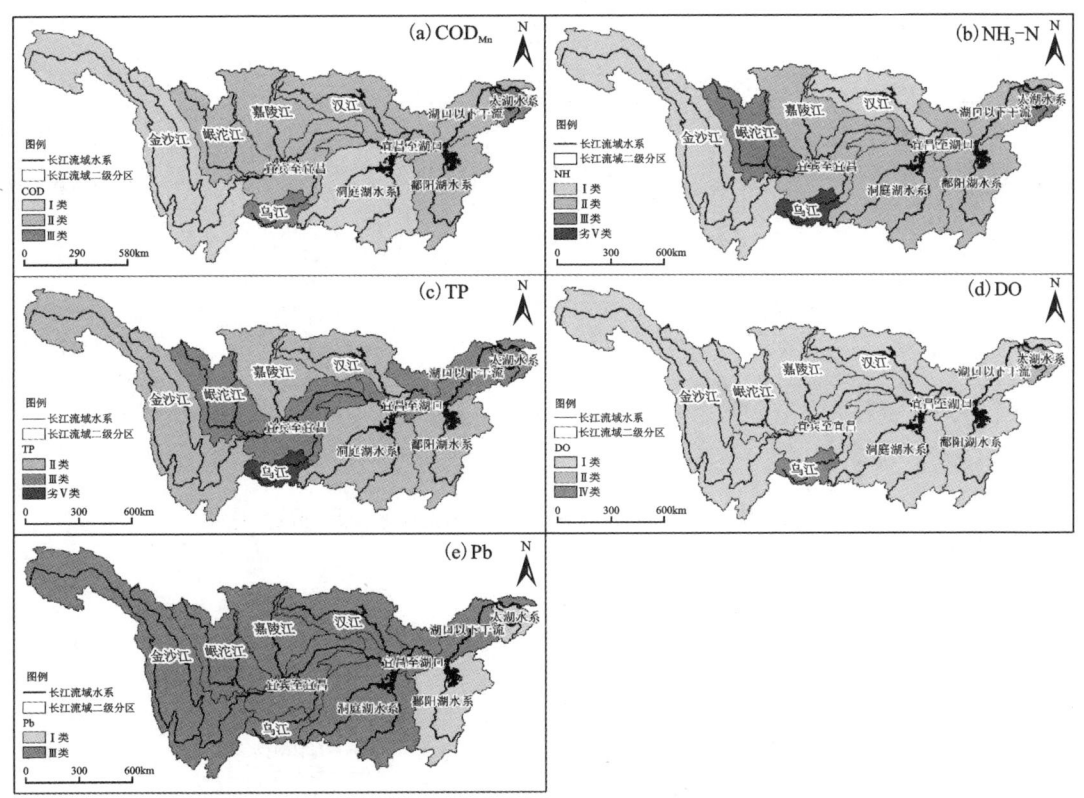

图 5-5 长江流域主要水质指标多年均值单因子评价空间分布图

5.3.3.2 长江流域 2003—2018 年 WQI_{min} 和主要水质指标浓度变化趋势

利用 OriginLab 制作 2003—2018 年 WQI_{min} 和主要水质指标浓度变化趋势线图(图 5-6)。从图 5-6 中可以看出,长江流域年均 WQI_{min} 值从 2003 年的 75.7 升至 2018 年的 84.8,提升幅度达 12.0%,整体水质从良好转向优秀,这表明全流域水质明显好转。

5.3.3.3 长江流域二级流域 WQI_{min} 季节变化图

利用 OriginLab 制作二级流域 WQI_{min} 季节变化雷达图(图 5-7)和不同水质指标浓度热力图(图 5-8)。

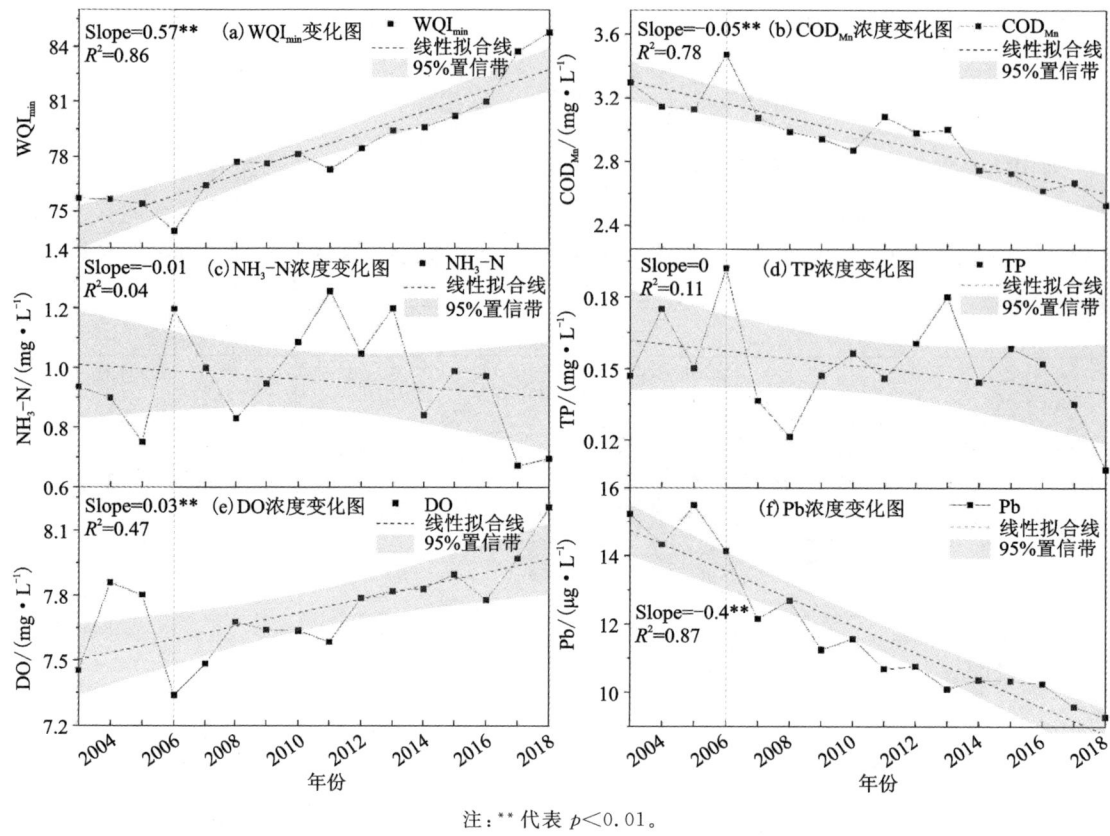

注：** 代表 $p<0.01$。

图 5-6 长江流域 2003—2018 年 WQI_{min} 和主要水质指标浓度变化

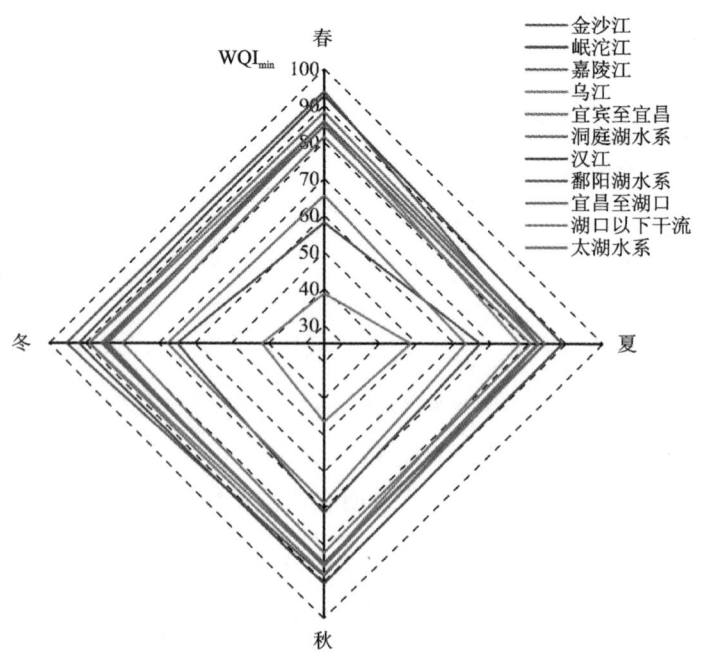

图 5-7 长江流域二级流域 WQI_{min} 季节变化雷达图

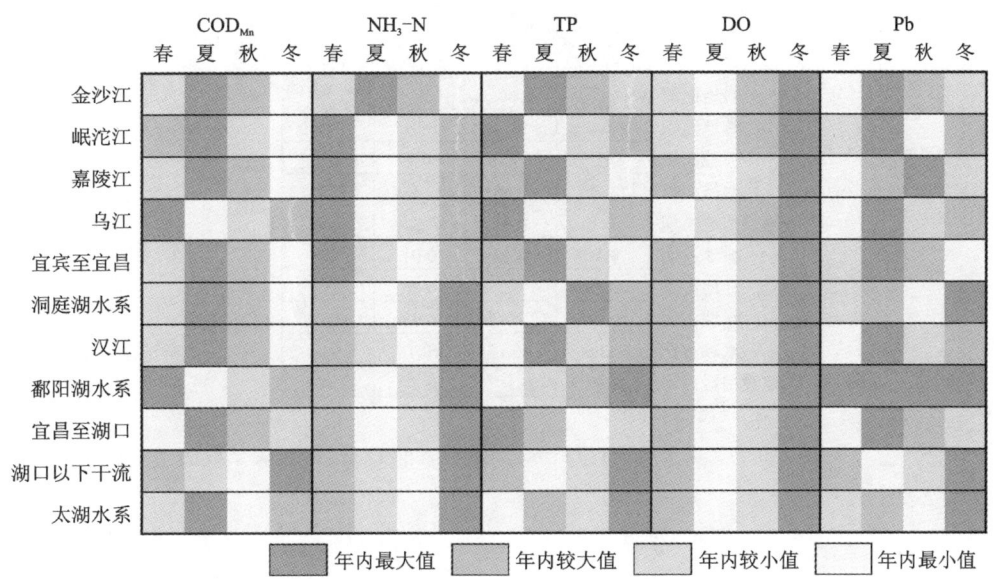

图 5-8　二级流域水质指标浓度的季节变化热力图

雷达图具有多维数据可视化的特征,能反映多个变量或指标在不同维度上的表现。它通过将多个变量映射到同一个坐标系中,形成一个封闭的多边形,便于直观比较和分析各维度的相对强弱或平衡性。常用于评估综合能力、性能对比或趋势分析。从图中可以看出,除乌江和岷沱江外,其余流域的 WQI_{min} 均在夏季达最小值,说明夏季流域水质相对最差。岷沱江在春季水质最差、秋季水质最好,乌江在春季水质最差、夏季水质最好。

热力图具有数据密度和强度可视化的特征,能进一步反映数据的分布情况、集中趋势以及变量之间的关系。它通过颜色的深浅或色调的变化来表示数据的强度或频率,适用于展示大规模数据集中的模式、热点区域或相关性分析。从图 5-8 中可以看出,金沙江、嘉陵江、宜宾至宜昌、汉江流域的 TP 浓度在夏季反而达到了年内最大值,只有岷沱江、乌江、洞庭湖水系、湖口以下干流在夏季达到年内最小值,以上现象再次表现出长江流域 TP 污染来源的复杂性以及治理的难度大。

5.3.3.4　主要水质指标与社会经济因子相关性图

利用 Excel 制作主要水质指标与社会经济因子相关性图(图 5-9)。相关性图一般通过热力图叠加相关系数得到,能清晰地反映不同因子之间的相关性大小,从而找到主要影响因素。从图 5-9 中可以看出,耕地面积、建设用地面积、林地面积、水域面积、人口密度、夜间灯光强度对流域水质状况有显著影响。

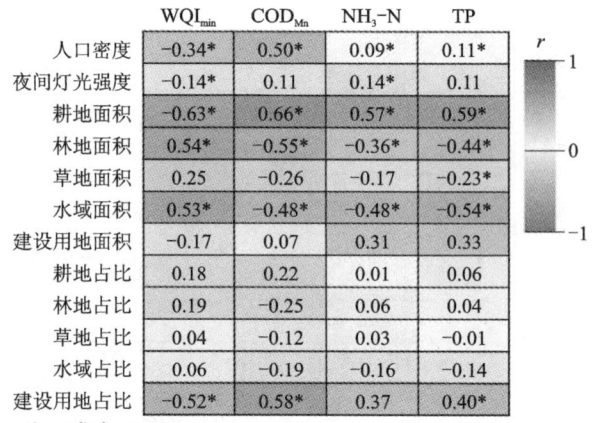

图 5-9 主要水质指标与社会经济因素的 Pearson 相关系数图

扩展与思考

(1)时空数据与传统静态数据有何不同？请列举时空数据的 3 个主要特点，并结合实际例子说明这些特点如何影响数据的可视化设计。

(2)请列举 3 个不同的行业(如交通、气象、公共卫生等)，并说明时空可视化在这些行业中如何帮助决策者更好地理解数据并做出决策。

(3)在进行时空可视化之前，通常需要对数据进行哪些预处理步骤？

(4)请列举 3 种常用的时空可视化技术，并说明每种技术在展示时空数据时的优势和局限性。

(5)如何通过动态可视化技术展示时空数据的变化趋势？请设计一个动态可视化的方案，展示一个城市一天内的交通流量变化，并说明如何通过交互功能增强用户体验。

(6)在时空可视化中，如何同时展示多个维度的数据(如时间、空间、属性等)？请以一个具体的时空数据集为例，说明如何通过可视化设计实现多维度数据的协同展示。

(7)时空数据通常具有大规模和高维度的特点，这可能导致可视化过程中的性能瓶颈。请列举 3 种性能优化的方法，并说明这些方法如何提高时空可视化的效率。

(8)随着技术的不断发展，时空可视化领域有哪些新的趋势和挑战？请从技术和应用两个方面进行分析，并提出你对未来时空可视化的展望。

第6章 时空分类分析

时空分类分析是机器视觉、图像分割、遥感监测等领域的关键技术,具有广泛的应用价值。本章节将介绍时空分类分析的基本概念及其主要方法原理,尤其聚焦于深度学习相关的先进方法,这些内容构成了本书的重点与难点部分。案例部分,本章节将详细介绍本团队在海洋养殖区识别项目中,如何利用改良后的机器视觉模型进行海洋养殖区识别的具体案例,引领读者亲历实战,深化对技术方法的理解与应用。

6.1 时空分类分析概述

时空分类分析(spatio-temporal classification analysis)是一种基于时空数据的特征,运用各种分类算法和技术,将数据点划分到预定义类别中的分析方法。这些类别通常反映了数据的某种内在属性或模式,例如地理区域的气候类型、城市交通流量的状态(畅通或拥堵)、自然灾害的影响范围等。时空分类分析的核心在于利用时空数据的时空相关性、周期性、趋势性等特征,通过训练分类模型,将相似或相关的数据点归入同一类别,从而揭示不同类别数据在空间上的分布规律和聚集现象,并提取出各类别的空间特征,如形状、大小、方向等。时空分类分析所处理的数据具有空间依赖性、时间依赖性、高维复杂性等特征。时空分类分析的原理在于利用学习时空数据的时空相关性、周期性和趋势性等特征,构建分类模型,是典型的机器学习。学习是人类获取知识的重要途径和自然智能的重要标志,机器学习则是机器获取知识的重要途径和人工智能的重要标志。机器学习的过程与人类的学习过程有着相似之处。人类通过积累经验来认识和理解世界,而机器学习则通过对历史数据的分析和学习来认识和理解世界。两者都依赖于从已有的信息中提取规律,并利用这些规律来应对新的情况或问题,如图6-1所示。

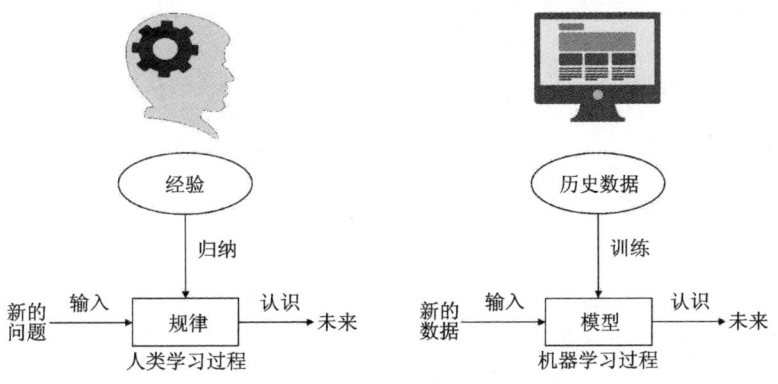

图6-1 人类和机器学习过程

6.2 时空分类分析方法

6.2.1 监督学习分类方法

监督学习分类方法种类繁多,每种方法都有其独特的优势和适用场景。选择合适的方法需要综合考虑数据特点、问题需求以及计算资源等因素。常见的监督学习分类方法如表 6-1 所示。

表 6-1 常见监督学习分类方法的比较

方法	原理	特点	应用场景
逻辑回归	通过线性回归预测概率,使用逻辑函数映射到类别标签	简单高效,适合线性可分问题,输出为概率	二分类问题(如垃圾邮件分类、信用评分、疾病预测)
支持向量机	寻找最优超平面最大化类别间隔,使用核函数处理非线性问题	高维空间表现好,能处理非线性问题,对噪声鲁棒	文本分类、图像识别、生物信息学(如基因分类)
决策树	递归分割数据,基于特征选择准则构建树结构进行分类	易于解释,能处理数值和类别数据,容易过拟合	客户细分、风险评估、医疗诊断
随机森林	集成多个决策树,通过投票或平均方式进行预测	减少过拟合,适合高维数据,训练时间较长	金融风控、图像分类、生物特征识别
K 近邻	基于距离度量,通过多数投票或加权投票进行分类	简单直观,无须训练,对噪声敏感,计算复杂度高	推荐系统、模式识别、地理信息系统
朴素贝叶斯	基于贝叶斯定理,假设特征之间条件独立	计算效率高,适合大规模数据,对缺失数据不敏感	文本分类(如情感分析)、垃圾邮件过滤、医疗诊断
神经网络	通过多层神经元模拟复杂非线性关系进行分类	能处理高度非线性问题,需大量数据和计算资源,解释性差	图像识别、语音识别、自然语言处理
梯度提升树	逐步构建决策树,每棵树纠正前一棵树的错误	预测精度高,训练时间较长,容易过拟合	点击率预测、金融风控、搜索引擎排序

6.2.1.1 支持向量机(support vector machine,SVM)

1. 基本概念

支持向量机是一种用于二分类任务的模型,其核心目标是构建一个"超平面",并利用该"超平面"来区分不同类别的样本。此过程旨在最大化样本集中地点到该分类超平面的最小距离(即分类间隔)。

超平面(hyperplane):在 n 维空间中,超平面是一个 $(n-1)$ 维的子空间。对于二维空间,超平面是一条直线;对于三维空间,超平面是一个平面。

分类间隔（margin）：超平面到最近数据点的距离称为间隔。SVM 的目标是找到一个超平面，使得间隔最大化。

支持向量（support vectors）：距离超平面最近的样本点称为支持向量，它们是决定超平面的关键数据点。

2. 算法原理

对于线性可分的数据，SVM 的目标是找到一个超平面，使得两类数据点被正确分类。这样的超平面有无数个，但是间隔最大化的平面是唯一的，SVM 的目的则是找到这个唯一的超平面。

假设数据集为 $T=\{(x_1,y_1),(x_2,y_2),\cdots,(x_n,y_n)\}$，其中 x_i 是特征向量，$y_i\in\{-1,1\}$ 是类别标签；当它等于 +1 时为正例，等于 -1 时为负例。

(1) 超平面可以表示为

$$\omega^T x + b = 0 \tag{6-1}$$

其中，$\omega=(\omega_1,\omega_2,\cdots,\omega_n)$ 是法向量，决定了超平面的方向；b 是偏置项，决定了超平面与原点之间的距离。

(2) 间隔的计算公式。

超平面可被法向量 ω 和位移 b 确定，记为 (ω,b)，样本空间中任意点 x 到超平面 (ω,b) 的距离可写为

$$r = \frac{|\omega^T x + b|}{\|\omega\|} \tag{6-2}$$

分类决策函数为

$$f(x) = \text{sign}(\omega^T x + b) \tag{6-3}$$

如果 $f(x) > 0$，则样本属于正类；否则属于负类。

分类间隔为

$$\text{Margin} = \frac{2}{\|\omega\|} \tag{6-4}$$

要找到最合适的 ω 和 b 使得分类间隔尽量大，需要解决一个凸二次规划问题，即最小化以下目标函数：

$$\min_{w,b} \frac{1}{2}\|\omega\|^2 \tag{6-5}$$

同时满足以下约束条件：

$$y_i(\omega^T x + b) \geqslant 1, \forall i \tag{6-6}$$

这确保了所有样本点被正确分类，并且距超平面的距离至少为 1。

对于线性不可分的数据，SVM 通过引入松弛变量（slack variables）和惩罚参数（C），允许部分样本点分类错误，目标函数和约束条件为

$$\min_{w,b,\xi} \frac{1}{2}\|\omega\|^2 \tag{6-7}$$

$$y_i(\omega^T x + b) \geqslant 1-\xi_i, \xi_i > 0, \forall i \tag{6-8}$$

式中：ξ_i 是松弛变量；C 是惩罚参数，用于平衡间隔最大化和分类错误。

6.2.1.2 决策树(decision tree)

1. 基本概念

决策树的核心思想是通过递归地划分数据集,构建一个树状结构,从而实现对数据的分类。在决策树中,有节点、分支等基本结构体。

节点(node):根节点(root node)为树的起始点,包含整个数据集;内部节点(internal node)表示一个特征或属性的测试条件;叶节点(leaf node)表示最终的分类结果或预测值。

分支(branch):每个内部节点根据特征的不同取值生成分支,指向子节点。

划分规则(splitting rule):根据某个特征的值将数据集划分为多个子集。

损失函数(loss function):也称代价函数(cost function),是将随机事件或其有关随机变量的取值映射为非负实数以表示该随机事件的"风险"或"损失"的函数。在应用中,损失函数通常作为学习准则与优化问题相联系,即通过最小化损失函数求解和评估模型。

2. 算法原理

决策树学习的核心是从训练数据中归纳出一组分类规则,这些规则不仅能够较好地适应训练数据,同时还要具备较强的泛化能力。决策树的构建通常以正则化的极大似然函数作为损失函数,学习的目标是通过最小化这一损失函数来优化模型。

1)决策树的递归过程

选择最优特征:从所有特征中选择一个最优特征作为当前节点的划分标准,通常基于信息增益、信息增益比或基尼指数等指标。

划分数据集:根据选择的特征及其取值,将数据集划分为若干个子集,每个子集对应一个分支。

递归构建子树:对每个子节点重复上述步骤,直到满足停止条件(如节点纯度达到要求或树的深度达到预设值)。

生成决策树:最终生成一棵树状结构,其中叶节点表示分类结果或预测值。

2)特征选择方法

信息增益表示划分前后数据集的不确定性减少的程度,公式如下:

$$\mathrm{InformationGain} = H(D) = \sum_{v=1}^{V} \frac{|D_v|}{|D|} H(D_v) \tag{6-9}$$

信息增益比是对信息增益的改进,用于避免选择取值较多的特征,公式如下:

$$\mathrm{GainRatio} = H(D) = \frac{\mathrm{InformationGain}}{H_A(D)} \tag{6-10}$$

基尼指数表示数据集的纯度,基尼指数越小,数据集的纯度越高,公式如下:

$$\mathrm{GiniIndex} = 1 - \sum_{k=1}^{K} p_k^2 \tag{6-11}$$

式中:$H(D)$是数据集D的熵;D_v是特征A取值为v的子集;$H_A(D)$是特征A的熵;p_k是数据集中第k类样本的比例。

3) 决策树的剪枝

决策树容易过拟合,即模型在训练集上表现很好,但在测试集上表现较差。为了解决这个问题,需要对决策树进行剪枝,包括预剪枝(pre-pruning)和后剪枝(post-pruning)。

预剪枝在树的构建过程中,提前停止树的生长;常用方法包括限制树的最大深度、设置节点最小样本数、设置信息增益或基尼指数的阈值。

后剪枝在树构建完成后,通过删除一些子树来简化模型;常用方法为代价复杂度剪枝,即通过最小化损失函数和复杂度来选择最优子树。

6.2.1.3 随机森林(random forest)

1. 基本概念

随机森林由众多独立的决策树组成(数量从几十至几百不等),类似于一片茂密的森林,通过对所有树的预测进行投票或加权平均计算而获得最终结果。随机森林克服了单棵决策树表征能力有限的缺点,通过减少单棵决策树的方差,提高了对新数据的预测能力。

集成学习:通过结合多个弱学习器(通常是偏差较大的模型)来构建一个强学习器,旨在提高模型的预测准确性和稳定性。

决策树:随机森林的基学习器是决策树,每棵决策树独立地对数据进行分类。

随机性:随机森林在构建每棵决策树时引入了随机性,包括数据随机采样和特征随机选择,以增加模型的多样性。样本随机允许有一定的重复,确保数据的多样性,进而显著提高特征空间的分辨率,形成更为精确、平滑的决策边界;通过在每棵决策树的每个节点随机选择特征子集,增加了模型的多样性,减少了过拟合的风险,并提高了泛化能力。

2. 算法原理

随机森林是一种基于Bagging(bootstrap aggregating)策略的集成学习模型,它能够有效地处理非线性问题,并且擅长处理大量样本和特征。Bagging方法在训练过程中,各基学习器之间无依赖,可实现并行训练。通过集成多个模型,它可以有效地处理过拟合问题,提高模型的预测准确性和泛化能力。随机森林的构建主要包括以下步骤。

数据随机采样:从训练集中随机抽取样本,形成一个新的子集,用于训练每棵决策树。在随机森林中,采样过程是有放回的,即某些样本可能被重复抽取,而另一些样本可能未被选中。

特征随机选择:在构建每棵决策树的每个节点时,从所有特征中随机选择一部分特征(通常为特征总数的平方根),然后从中选择最优特征进行划分。

构建决策树:使用随机采样的数据和随机选择的特征,独立地构建每棵决策树。决策树的构建过程与普通决策树相同,通常采用递归划分数据集的方法。

集成预测结果:对于分类任务,随机森林采用多数投票的方式,即每棵决策树对样本进行分类,最终选择得票最多的类别作为预测结果。对于回归任务,随机森林采用平均的方式,即每棵决策树对样本进行预测,最终取所有预测结果的平均值。

6.2.1.4 K近邻算法（K-nearest neighbors，K-NN）

1. 基本概念

K近邻算法的核心思想是"物以类聚"，即通过计算样本之间的距离，找到与目标样本最近的K个邻居，然后根据这些邻居的类别或值来预测目标样本的类别或值。在K近邻算法中，通常通过欧氏距离（Euclidean distance）、曼哈顿距离（Manhattan distance）和闵可夫斯基距离（Minkowski distance）等来判断距离。

欧氏距离：一种在多维空间中测量两个点之间"直线"距离的方法，以古希腊数学家欧几里得命名。

曼哈顿距离：表示两个点在标准坐标系上的绝对轴距总和，即两点在南北方向上的距离加上在东西方向上的距离。

闵可夫斯基距离：是一种在多维空间中测量两个点之间距离的方法，它是欧氏距离的一种推广。

K值：表示选择的邻居数量，K值较小则会让模型对噪声敏感，容易过拟合；K值较大，则会使得模型对局部特征的捕捉能力减弱，可能导致欠拟合。

2. 算法原理

KNN算法首先需要对于每个目标样本，计算其与训练集中（已经有分类标签）所有样本的距离；然后根据计算的距离，选择距离最近的K个样本作为邻居；最后对K个邻居的类别进行投票，选择得票最多的类别作为预测结果。在KNN算法中，核心是对距离进行计算。在n维空间中，给定两点$x=(x_1,x_2,\cdots,x_n)$和$y=(y_1,y_2,\cdots,y_n)$，则

$$欧氏距离：D\text{Euclidean}(x,y)=\sqrt{\sum_{i=1}^{n}(x_i-y_i)^2} \tag{6-11}$$

$$曼哈顿距离：D\text{Manhattan}(x,y)=\sum_{i=1}^{n}|x_i-y_i| \tag{6-12}$$

$$闵可夫斯基距离：D\text{Minkowski}(x,y)=\left(\sum_{i=1}^{n}|x_i-y_i|^P\right)^{1/P} \tag{6-13}$$

式中：P是参数，当$p=1$时为曼哈顿距离，当$p=2$时为欧氏距离。

6.2.1.5 朴素贝叶斯（naive bayes）

1. 基本概念

朴素贝叶斯算法是应用最为广泛的分类算法之一，其在贝叶斯算法的基础上进行了相应的简化，即假定给定目标值时属性之间相互条件独立，也就是说没有哪个属性变量对于决策结果来说占有较大的比重，也没有哪个属性变量对于决策结果占有较小的比重。虽然这个简化方式在一定程度上降低了贝叶斯分类算法的分类效果，但是在实际的应用场景中，极大地简化了贝叶斯方法的复杂性。

贝叶斯方法以贝叶斯定理为基础，使用概率统计的知识对样本数据集进行分类。通过结合先验概率和后验概率，既避免了只使用先验概率的主观偏见，也避免了单独使用样本信息

的过拟合现象。

先验概率：根据以往经验和分析得到的概率，可以是基于历史数据的统计，可以由背景常识得出，也可以是人的主观观点给出。

后验概率：结果发生后反推事件发生原因的概率，指在观察到某些新信息或事件后，对某一事件发生的概率进行的修订或更新。

条件概率：一个事件发生后另一个事件发生的概率，一般的形式为 $P(x|y)$ 表示 y 发生的条件下 x 发生的概率。

似然概率：描述了在给定参数条件下，观测到特定样本的概率。

2. 算法原理

朴素贝叶斯算法的核心是贝叶斯定理，也称贝叶斯公式，是关于随机事件 A 和 B 的条件概率或边缘概率的一则定理：当分析样本大到接近总体数时，样本中事件发生的概率将接近于总体中事件发生的概率。

$$P(Y \mid X) = \frac{P(X \mid Y) \cdot P(Y)}{P(X)} \tag{6-14}$$

式中：$P(Y|X)$ 是后验概率，表示在已知特征 X 的条件下，类别 Y 的概率；$P(X|Y)$ 是似然概率，表示在类别 Y 的条件下，特征 X 出现的概率；$P(Y)$ 是先验概率，表示类别 Y 的初始概率；$P(X)$ 是证据因子，表示特征 X 的总体概率。

由于朴素贝叶斯假设特征之间相互独立，因此：

$$P(X \mid Y) = P(x_1 \mid Y) \cdot P(x_2 \mid Y) \cdots\cdots P(x_n \mid Y) \tag{6-15}$$

式中：$x_1, x_2, \cdots, x_n$ 是特征向量 **X** 的各个分量。

朴素贝叶斯的计算过程如下。

(1) 计算先验概率：从训练数据中估计每个类别的先验概率 $P(Y)$。

(2) 计算似然概率：对于每个特征，计算在给定类别下的条件概率 $P(x_i|Y)$。

(3) 计算后验概率：对于新的样本，利用贝叶斯定理计算其属于每个类别的后验概率。

(4) 选择最大概率类别：将样本分配到后验概率最大的类别。

6.2.1.6 逻辑回归(logistic regression)

1. 基本概念

逻辑回归通过拟合一个逻辑函数(也称为 Sigmoid 函数)，将输入特征与输出类别之间的概率关系建模，从而预测某个样本属于某一类别的概率。

逻辑函数，是一类返回值为逻辑值 true 或逻辑值 false 的函数。true 代表判断后的结果是真的，正确的，也可以用 1 表示；false 代表判断后的结果是假的，错误的，也可以用 0 表示。

梯度：梯度是一个向量(矢量)，表示某一函数在该点处的方向导数沿着该方向取得最大值(或变化最快的值)。

梯度下降法：通过计算目标函数的梯度，并沿着梯度的反方向迭代更新参数，以达到函数的最小值。在每一步迭代中，算法计算当前点的梯度，然后按照该梯度的反方向更新参数，逐步逼近函数的局部最小值。

2. 算法原理

1) Sigmoid 函数

逻辑回归使用 Sigmoid 函数将线性回归的输出映射到 [0,1] 之间,公式为

$$\sigma(z) = \frac{1}{1+e^{-z}} \tag{6-16}$$

式中:z 是线性回归的输出,$z = w_0 + w_1 x_1 + w_2 x_2 + \cdots + w_n x_n$,其中,$w_0, w_1, \cdots, w_n$ 是模型参数,$x_1, x_2, \cdots, x_n$ 是输入特征。

逻辑回归的输出是一个概率值,表示样本属于正类(通常标记为 1)的概率。

2) 模型输出

逻辑回归的输出是一个概率值,表示样本属于正类(通常标记为 1)的概率。

$$P(y=1 \mid X) = \sigma(z) \tag{6-17}$$

通过设定一个阈值(通常为 0.5),可以将概率值转换为类别标签:

$$\hat{y} = \begin{cases} 1 & P(y=1 \mid X) \geqslant 0.5 \\ 0 & P(y=1 \mid X) \leqslant 0.5 \end{cases} \tag{6-18}$$

3) 损失函数

逻辑回归使用交叉熵损失函数(log loss)来衡量预测概率与真实标签之间的差异。对于二分类问题,损失函数为

$$J(w) = -\frac{1}{N}\sum_{i=1}^{N}\left[y_i \log(P(y_i=1 \mid X_i)) + (1-y_i)\log(1-P(y_i=1 \mid X_i))\right] \tag{6-19}$$

式中:N 是样本数量;y_i 是第 i 个样本的真实标签(0 或 1);$P(y_i=1 \mid X_i)$ 是模型预测的概率;通过最小化损失函数,模型可以学习到最优的参数 w。

逻辑回归通常使用梯度下降法或其变体(如随机梯度下降、Adam 等)来优化模型参数。梯度下降通过迭代更新参数,逐步减小损失函数的值。

6.2.1.7 梯度提升树(gradient boosting trees,GBT)

1. 基本概念

提升树的核心思想是顺序训练,即每个新的决策树都在前一个决策树的基础上进行训练。在训练过程中,提升树会重点关注那些被前一个决策树错误分类或预测的样本,通过逐步减少这些样本的预测误差,从而提升整体模型的性能。

梯度提升树是集成学习 Boosting 家族成员之一,也称为 GBT、GTB、GBRT、MART。梯度提升树是一种从弱分类器中创建一个强分类器的集成技术。它先由训练数据构建一个模型,然后创建第二个模型来尝试纠正第一个模型的错误,不断地添加模型,直到训练集完美预测或已经添加到数量上限。

2. 算法原理

梯度提升树的核心思想是沿着损失函数的负梯度方向,逐步构建新的决策树来修正前面

模型的不足。它通过迭代地训练决策树,将前一棵树的残差(即实际值与当前模型预测值之间的差异)作为下一棵树的训练目标,从而逐步减少预测误差。

具体来说,梯度提升树的训练过程包括以下几个步骤:

(1)初始化一个弱学习器,通常是一个简单的模型,如常数模型或训练数据目标值的平均值。

(2)对于每一轮迭代,计算当前模型的残差。

(3)使用残差作为目标来训练一个新的弱学习器(通常是决策树)。

(4)将这个新的弱学习器添加到当前模型中,以更新模型的预测。

(5)重复上述过程直到达到预定的迭代次数(即树的数量),或者直到模型的性能不再显著提升。

XGBoost(极端梯度提升)和LightGBM(轻量级梯度提升机)是梯度提升树的高效实现。

6.2.2 非监督学习分类方法

非监督学习是一种机器学习方法,其目标是从未标注的数据中发现隐藏的结构或模式。目前有多种方法可以用于非监督学习,每种方法都有其独特的原理、特点和应用场景,选择合适的方法需要根据具体问题和数据特性进行权衡。典型的非监督学习分类方法对比如表6-2所示。

表6-2 典型的非监督学习分类方法

方法	原理	特点	应用场景
K-means聚类	通过迭代优化簇中心,将数据划分为K个簇	简单高效,需指定K值,对初始值敏感	客户细分、图像分割、异常检测
层次聚类	通过构建树状结构将数据分层聚类	无须指定K值,可生成层次结构,计算复杂度高	生物信息学、社交网络分析
DBSCAN	基于密度划分簇,能够发现任意形状的簇	无须指定K值,能处理噪声,对参数敏感	空间数据聚类、异常检测
PCA	通过线性变换将数据投影到方差最大的方向	减少维度,保留主要信息,适合线性数据	数据可视化、特征提取、图像压缩
Apriori算法	通过频繁项集挖掘关联规则	适合事务数据,可能产生冗余规则	市场篮子分析、推荐系统
孤立森林	通过随机分割数据检测异常点	无须标注数据,适合高维数据,对参数敏感	金融欺诈检测、网络入侵检测
高斯混合模型	通过多个高斯分布拟合数据	适合复杂分布,可生成新数据,计算复杂度高	语音识别、图像分割

聚类分析方法将在第6章进行讲解,本章节将对PCA、t-SNE等常用的非监督分类方法进行原理介绍。

6.2.2.1 主成分分析

1. 基本概念

主成分分析是一种常用的降维技术,用于简化数据集并揭示其内在结构。它通过线性变换将高维数据投影到低维空间,同时保留数据的主要特征。通过 PCA 降维后,再利用分类算法进行分类。

降维(dimensionality reduction):是指通过数学变换将高维数据映射到低维空间的过程,同时尽可能保留数据的主要结构和信息。降维常用于数据预处理、可视化、特征提取等领域,能够减少计算复杂度、去除噪声和冗余信息。

主成分:原始数据协方差矩阵的特征向量,对应的特征值表示该主成分方向上的方差大小。

第一主成分:数据方差最大的方向,捕捉数据中最显著的变化模式。

第二主成分:与第一主成分正交,捕捉数据中次显著的变化模式。

后续主成分:依次捕捉数据中更小的变化模式。

主成分由指标变量的线性组合计算而来,它们尽可能多地保留原始指标的信息,从而在较少的信息损失情况下可用于对研究对象做综合性评价或作为新的变量用于其他统计分析。

2. 算法原理

在综合评价研究中,为了全面、系统地进行分析,研究者通常会从多个方面和不同角度选取观测指标。每个指标代表一个维度,因此指标数量越多,维度就越高,综合评价的复杂性也随之增加。主成分分析通过将一组相互关联的指标进行信息浓缩,简化为少数几个主成分。由最初的多个指标变量到少数几个主成分,这一过程不是直接筛选剔除变量而是高度综合简化。

假设原始数据矩阵为 $X(n \times p, n$ 是样本数,p 是特征数),主成分可以通过以下步骤计算。

(1) 标准化数据:将每个特征标准化为均值为 0,方差为 1。

(2) 计算协方差矩阵:$\sum = \frac{1}{N} X^T X$。

(3) 特征值分解:对协方差矩阵 Σ 进行特征值分解,得到特征值 λ 和特征向量 Q。

(4) 选择主成分:选择前 k 个最大特征值对应的特征向量,构成投影矩阵 Q_k。其中,主成分的选择,可以通过选择累计方差解释率达到一定阈值(如 95%)的主成分,或特征值大于 1 的主成分(Kaiser 准则)或通过碎石图(scree plot)观察特征值的下降趋势,选择拐点处的主成分。

(5) 投影数据:将原始数据投影到主成分空间,得到降维后的数据 $Y = XQ_k$。

6.2.2.2 Apriori 算法

1. 基本概念

Apriori 算法是一种经典的关联规则挖掘算法,主要用于发现数据集中项(items)之间的频繁项集和关联规则,然后用于辅助分类任务。

频繁项集：指在数据集中频繁出现的项的集合。Apriori 算法通过逐层搜索（从单个项开始，逐步扩展到更大的项集）来发现频繁项集。

关联规则：形如 $X \to Y$ 的规则，表示项集 X 和项集 Y 之间的关联关系。关联规则通过支持度（support）和置信度（confidence）来评估其重要性。

支持度：用于衡量某个项集（或规则的前件和后件）在数据集中出现的频繁程度。它是项集出现的次数与总事务数之比。支持度越高，表示项集在数据集中越常见。

置信度：用于衡量在规则的前件出现的情况下，后件出现的概率。它是规则前件和后件同时出现的事务数与仅前件出现的事务数之比。置信度越高，表示当前件出现时，后件出现的可能性越大。

Apriori 性质：如果一个项集是频繁的，那么它的所有子集也必须是频繁的。这一性质用于剪枝，减少搜索空间。

2. 算法原理

Apriori 算法的核心思想是基于两阶段频集思想的递推算法。它利用频繁项集的向下封闭性质，即如果一个项集是频繁的，那么它的所有子集也一定是频繁的。因此，在生成新的候选项集时，可以只考虑频繁项集的子集进行连接操作，从而减少候选项集的数量和计算量。算法流程如下。

(1) 生成候选项集：首先生成所有可能的 1 项集，作为初始候选项集。

(2) 计算支持度并筛选频繁项集：扫描数据集，计算每个候选项集的支持度，并与最小支持度阈值进行比较。保留支持度大于或等于最小支持度阈值的项集，作为频繁项集。

(3) 生成新的候选项集：利用频繁 k 项集生成 $k+1$ 项集的候选项集。这通常通过连接操作实现，即将两个频繁 k 项集的最后一个元素分别替换为它们的超集元素，形成新的 $k+1$ 项集。

(4) 重复步骤(2)和(3)：继续扫描数据集，计算新的候选项集的支持度，并筛选频繁项集。重复此过程，直到没有新的频繁项集被发现。

(5) 生成关联规则：基于频繁项集，生成所有可能的关联规则，并计算它们的置信度。保留置信度大于或等于最小置信度阈值的规则作为最终关联规则。

6.2.2.3 孤立森林（isolation forest）

1. 基本概念

孤立森林的核心思想是通过递归地随机分割数据集来查找哪些点容易被孤立，这些点被称为异常点。由于异常数据在数据集中通常数量较少且与大多数数据存在显著差异，因此通过随机分割，异常数据会更早地被孤立出来，即它们距离树的根节点更近。

异常点：容易被孤立的离群点，即分布稀疏且离密度高的群体较远的点。

2. 算法原理

孤立森林的核心思想是通过构建孤立树、计算路径长度、计算异常得分查找异常点，然后进行分类任务。算法的步骤如下。

(1) 构建孤立树：随机选择特征和划分值，递归地划分数据点，直到所有数据点被孤立或达到树的最大深度。

(2) 计算路径长度：对于每个数据点，计算其在所有孤立树中的平均路径长度。

(3) 计算异常得分：根据路径长度计算异常得分，公式为

$$s(x,n) = 2^{-\frac{E(h(x))}{c(n)}}$$

式中：$h(x)$ 是数据点 x 的路径长度；$c(n)$ 是二叉搜索树的平均路径长度，用于标准化；$E(h(x))$ 是数据点 x 在所有孤立树中的平均路径长度。

(4) 分类：根据异常得分设定阈值，将数据点划分为正常类别或异常类别。

6.2.2.4 高斯混合模型（Gaussian mixture model，GMM）

1. 基本概念

高斯混合模型是一种基于概率分布的分类算法，它假设数据是由多个高斯分布组合而成的。GMM 通过最大化似然函数来估计每个高斯分布的参数（均值、协方差）以及混合系数，从而实现对数据的分类或密度估计。

高斯分布（Gaussian distribution）：也称为正态分布（normal distribution），是概率论和统计学中最重要的概率分布之一。它描述了大量自然现象和数据分布的规律，具有对称的钟形曲线特征。

2. 算法原理

高斯混合模型假定数据是由 K 个高斯分布组成的混合分布，每个高斯分布称为一个"成分"。

每个高斯分布的概率密度函数（probability density function，PDF）为

$$f(x \mid \mu, \sigma^2) = \frac{1}{\sqrt{2\pi\sigma^2}} \exp\left(-\frac{(x-\mu)^2}{2\sigma^2}\right) \tag{6-20}$$

式中：x 是随机变量；μ 是均值（mean）表示分布的中心位置；σ 是标准差（standard deviation），表示分布的离散程度；σ^2 是方差（variance）。

在高斯混合模型中每个成分有自己的均值 μ_k 和协方差矩阵 Σ_k，以及混合系数 π_k（表示该成分的权重）。

整个高斯混合模型的概率密度函数为

$$p(x) = \sum_{k=1}^{K} \pi_k \cdot N(x \mid \mu_k, \Sigma_k) \tag{6-21}$$

式中：π_k 为第 k 个成分的混合系数，满足 $\sum_{k=1}^{K} \pi_k = 1$；$N(x \mid \mu_k, \Sigma_k)$ 为第 k 个高斯分布的概率密度函数。

GMM 的计算步骤如下。

(1) 初始化：随机初始化每个高斯分布的参数（均值、协方差、混合系数）。

(2) E 步：计算每个数据点 x_i 属于第 k 个成分的后验概率（责任值）。

$$\gamma_{ik} = \frac{\pi_k \cdot N(x_i \mid \mu_k, \Sigma_k)}{\sum_{j=1}^{K} \pi_j \cdot N(x_i \mid \mu_j, \Sigma_j)} \tag{6-22}$$

(3)M 步:更新每个成分的参数。

均值:
$$\mu_k = \frac{\sum_{i=1}^{N} r_{ik} \cdot x_i}{\sum_{i=1}^{N} r_{ik}} \tag{6-23}$$

协方差:
$$\Sigma_k = \frac{\sum_{i=1}^{N} r_{ik}(x_i - \mu_k)(x_i - \mu_k)^{\mathrm{T}}}{\sum_{i=1}^{N} r_{ik}} \tag{6-24}$$

混合系数:
$$\pi_k = \frac{\sum_{i=1}^{N} r_{ik}}{N} \tag{6-25}$$

(4)迭代:重复 E 步和 M 步,直到参数收敛或达到最大迭代次数。

6.2.3 半监督学习分类方法

典型的半监督学习方法包括自训练、协同训练、图半监督学习、半监督 SVM 等。不同半监督学习方法的比较如表 6-3 所示。

表 6-3 典型半监督学习方法对比

方法	原理	特点	应用场景
自训练	用模型预测未标注数据,生成伪标签重新训练	简单易实现,可能引入错误标签	文本分类、图像分类
协同训练	利用多个独立视图训练模型,互相标注未标注数据	需要多视图数据,减少单一模型偏差	多模态数据分类、网页分类
图半监督学习	将数据表示为图,通过标签传播算法标注未标注数据	适用于图结构数据,计算复杂度高	社交网络分析、基因网络分析
半监督 SVM	利用未标注数据优化 SVM 分类边界	适用于小规模标注数据,计算复杂度高	文本分类、图像分类
半监督聚类	在聚类过程中加入标注数据的约束	结合标注和未标注数据,适用于复杂数据分布	客户细分、基因表达数据分析

6.2.3.1 自训练(self-training)

自训练通过模型对未标注数据的预测结果,生成伪标签(pseudo-labels),并将这些伪标签数据加入训练集,逐步迭代优化模型。自训练的步骤如下。

(1)初始化:使用少量标注数据 $L = \{(x_1,y_1),(x_2,y_2),\cdots,(x_n,y_n)\}$ 训练初始模型 f。

(2)伪标签生成:对未标注数据 $U = \{x_{n+1},x_{n+2},\cdots,x_{n+m}\}$ 进行预测,生成伪标签。

$$\hat{y}_i = f(x_i), x_i \in U \tag{6-26}$$

(3)数据筛选:选择高置信度的伪标签数据,例如预测概率大于某个阈值 τ 的数据。

$$u' = \{(x_i,\hat{y}_i) \mid \max(f(x_i)) > \tau, x_i \in U\} \tag{6-27}$$

(4)数据扩充:将筛选后的伪标签数据加入训练集,$L = L \bigcup u'$。

(5)模型更新:使用扩充后的训练集 L 重新训练模型 f。

(6)迭代:重复步骤(2)~(5),直到模型收敛或达到最大迭代次数。

6.2.3.2 协同训练(co-training)

协同训练旨在利用多个视图或特征集对未标注数据进行学习。其核心思想是通过多个独立的模型在不同视图上协同训练,互相提供伪标签,从而利用未标注数据提升模型性能。设有 k 个视图,协同训练的步骤如下。

(1)初始化:使用少量标注数据 $L = \{(x_1,y_1),(x_2,y_2),\cdots,(x_n,y_n)\}$ 在每个视图上训练初始模型 $f_1,f_2,\cdots,f_k$。

(2)伪标签生成:对未标注数据 $U = \{x_{n+1},x_{n+2},\cdots,x_{n+m}\}$,每个模型在其视图上进行预测,生成伪标签。

$$\hat{y}_{ik} = f_k(x_i), x_i \in U \tag{6-28}$$

(3)数据筛选:选择高置信度的伪标签数据,例如预测概率大于某个阈值 τ 的数据。

$$u' = \{(x_i,\hat{y}_{ik}) \mid \max(f(x_i)) > \tau, x_i \in U\} \tag{6-29}$$

(4)数据扩充:将筛选后的伪标签数据加入其他视图的训练集,$L = L \bigcup u'$。

(5)模型更新:使用扩充后的训练集重新训练每个视图上的模型 f_k。

(6)迭代:重复步骤(2)~(5),直到模型收敛或达到最大迭代次数。

6.2.3.3 图半监督学习(graph-based semi-supervised learning)

图半监督学习利用训练数据构建数据图,建立有标记数据与未标记数据的联系,然后基于数据图诱导出的结构性质来推断未标注数据的标签。图半监督学习的步骤如下。

(1)图构建:根据数据点之间的相似性构建图,计算边的权重。将数据表示为图 $G = (V,E)$,其中节点 V 表示数据点(包括标注数据和未标注数据),边 E 表示数据点之间的关系(如相似性)。边的权重通常通过相似性度量(如高斯核函数)计算。

$$w_{ij} = \exp\left(\frac{\|x_i - x_j\|^2}{2\sigma^2}\right) \tag{6-30}$$

(2)初始化:为标注数据节点赋予真实标签,为未标注数据节点赋予初始标签(如 0 或随机值)。

(3)标签传播:通过图的边将标注数据的标签信息传播到未标注数据。常用的方法包括标签传播算法和基于正则化的图方法。

标签传播算法可通过图的边迭代传播标签信息,更新规则为

$$y^{(t+1)} = \frac{\sum_{j \in N(i)} \omega_{ij} y_j^{(t)}}{\sum_{j \in N(i)} \omega_{ij}} \quad (6\text{-}31)$$

式中:$N(i)$ 是节点 i 的邻居。

基于正则化的图方法,通过优化以下目标函数学习标签:

$$\min_f \sum_{i=1}^{n} (f(x_i) - y_i)^2 + \lambda \sum_{i=1}^{n} w_{ij} (f(x_i) - f(x_j))^2 \quad (6\text{-}32)$$

式中:f 是预测函数;λ 是正则化参数。

(4)收敛:重复标签传播过程,直到标签分布稳定或达到最大迭代次数。

6.2.4 深度学习分类方法

深度学习是机器学习的一个子领域,它通过模拟人脑的神经网络结构来实现对数据的学习和表示。典型的深度学习分类方法如表 6-4 所示。

表 6-4 典型深度学习分类方法

方法	原理	特点	应用场景
CNN	卷积层提取局部特征,池化层降维,全连接层分类	适用于空间结构数据,参数共享减少复杂度	图像分类、目标检测、医学影像分析
RNN	循环结构处理序列数据,捕捉时间依赖性	适用于时间序列数据,可能存在梯度消失问题	文本分类、时间序列预测、语音识别
LSTM	引入门控机制解决梯度消失问题,捕捉长期依赖关系	适用于长序列数据,计算复杂度较高	文本生成、时间序列分类、视频分析
GRU	简化版 LSTM,合并门控机制减少参数数量	计算效率高,性能接近LSTM	文本分类、时间序列预测、语音识别
Transformer	自注意力机制捕捉全局依赖关系,并行计算	适用于长序列数据,需要大量计算资源	自然语言处理、图像分类、语音处理
GAN	生成器与判别器对抗训练,生成高质量数据	主要用于生成任务,训练不稳定	图像分类、异常检测、文本分类
ResNet	通过引入"残差学习"来解决深度网络训练中的退化问题	通过跳跃连接,缓解梯度消失问题	图像识别、目标检测和图像分割
自编码器	编码器压缩数据,解码器重建数据,用于特征提取	适用于无监督或半监督学习,能够学习低维表示	图像分类、异常检测、文本分类
GNN	处理图结构数据,利用节点和边的信息进行特征传播	适用于非欧几里得数据,能够捕捉节点关系	社交网络分析、分子属性预测、推荐系统

续表 6-4

方法	原理	特点	应用场景
DBN	多层 RBM 堆叠，无监督预训练和有监督微调	适用于小规模数据集，训练复杂	图像分类、语音识别、文本分类
CapsNet	胶囊表示空间层次结构，捕捉姿态、旋转等特征	适用于图像分类，计算复杂度高	图像分类、医学影像分析、姿态估计

6.2.3.1 神经网络（neural networks）

深度学习的基础是神经网络，因此在介绍深度学习之前，有必要先对神经网络进行介绍。如果学生已经学过相关内容，可以略过本节。本小节将简要描述神经网络的概念，并对代表了神经网络发展的早期和成熟阶段的 MP 模型和 BP 模型进行介绍。

1. 基本概念

神经网络是模拟人脑神经系统的功能，通过多个节点（也叫神经元）的连接和计算，实现非线性模型的组合和输出。神经网络可以看作一种由神经元模型组成的复杂网络系统，能够实现对输入数据的学习、模式识别和结果预测等功能。一个典型的神经网络如图 6-1 所示。

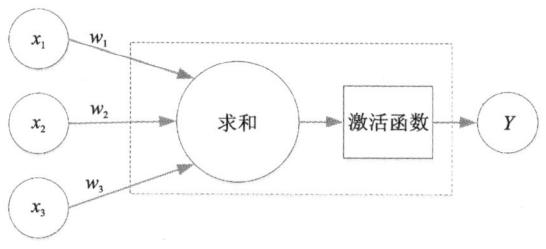

图 6-1　神经网络结构

神经元：图中，虚线框内的为 1 个神经元。神经元有多个输入连接 x_i，每个输入连接都有一个对应的权重 w_i。这些输入信号与权重相乘后，在神经元内部进行求和；激活后的结果就是神经元的输出，这个输出可以作为下一层神经元的输入。

激活函数：激活函数是添加到人工神经网络中的函数，目的是帮助网络学习数据中的复杂模式。它接收前一个神经元的输出信号，并将其转换成可以作为下一个神经元输入的某种形式。常见的激活函数及其特征如表 6-5 所示。

表 6-5　常见的激活函数及其特征

激活函数	公式	特点
Sigmoid	$f(x) = \dfrac{1}{1+e^{-x}}$	①输出范围在 (0,1)。 ②平滑且易于求导。 ③容易导致梯度消失

续表 6-5

激活函数	公式	特点
Tanh	$f(x) = \dfrac{e^x - e^{-x}}{e^x + e^{-x}}$	①输出范围在(−1,1)。 ②比 Sigmoid 更陡峭。 ③仍存在梯度消失问题
ReLU	$f(x) = \max(0, x)$	①计算简单,效率高。 ②缓解梯度消失问题。 ③可能导致神经元"死亡"
Leaky ReLU	$f(x) = \begin{cases} x & x > 0 \\ \alpha x & \text{otherwise} \end{cases}$	①解决 ReLU 的"死亡"问题。 ②引入小的负斜率(α)
Softmax	$f(x) = \dfrac{e^{xi}}{\sum_{j=1}^{n} e^{xi}}$	①输出为概率分布,总和为 1。 ②适用于多分类问题
ELU	$f(x) = \begin{cases} x & x > 0 \\ \alpha(e^x - 1) & \text{otherwise} \end{cases}$	①解决 ReLU 的"死亡"问题。 ②负值区域有平滑过渡
Swish	$f(x) = x \cdot \sigma(x) = \dfrac{x}{1 + e^{-x}}$	①平滑且非单调。 ②表现优于 ReLU 在某些任务中

神经网络可以为多层,包括输入层、隐藏层和输出层。输入层是神经网络接收外部数据的第一层,它的神经元数量通常由输入数据的特征数量决定。隐藏层位于输入层和输出层之间,其数量可以是一个或多个,它是神经网络进行复杂特征提取和数据转换的关键部分,每一个隐藏层的神经元都会对上一层的输出进行处理,随着层数的增加,网络可以学习到更抽象、更高级的特征。输出层是神经网络的最后一层,它的神经元数量和功能取决于具体的任务。

权重:神经网络中的重要参数,它决定了每个输入信号对神经元输出的贡献程度。

目前,已知的神经网络,可以分为 4 种类型:前向型、反馈性、随机型、竞争型,其特征和应用如表 6-6 所示。

表 6-6 典型神经网络类型的特点和应用

类型	特点	应用场景
前向型神经网络	①信息单向流动,从输入层到输出层,无反馈。 ②通常采用反向传播算法训练。 ③结构简单,易于实现	①图像分类(如卷积神经网络 CNN)。 ②语音识别。 ③自然语言处理(如循环神经网络 RNN)
反馈型神经网络	①信息可以双向流动,具有反馈连接。 ②能够处理动态时间序列数据。 ③训练复杂度较高	①时间序列预测。 ②控制系统优化。 ③记忆相关任务(如 Hopfield 网络)

续表 6-6

类型	特点	应用场景
随机型神经网络	①引入随机性,如随机权重或随机激活函数。 ②能够跳出局部最优解。 ③训练过程不稳定	①优化问题求解(如模拟退火算法)。 ②强化学习。 ③生成模型(如受限玻尔兹曼机 RBM)
竞争型神经网络	①神经元之间存在竞争机制,如胜者通吃(winner-takes-all)。 ②能够自动聚类和特征提取。 ③无监督学习	①数据聚类(如自组织映射 SOM)。 ②模式识别。 ③图像压缩

2. 感知器

感知器是一种前馈人工神经网络,是人工神经网络中的一种典型结构。1958 年,美国心理学家 Frank Rosenblatt 提出一种具有单层计算单元的神经网络,称为 perceptron,即感知器。感知器是模拟人的视觉接收环境信息,并由神经冲动进行信息传递的层次型神经网络。最简单的感知器只有一层处理单元,包括输入层在内,共两层,如图 6-2 所示。

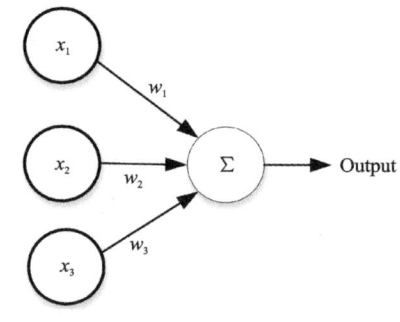

图 6-2 感知器结构

在上图感知器中,对于有 3 个点的集合 $X = \{x_1, x_2, x_3\}$,通过一个规则得到输出。在这个规则中,引入权重的 w 概念,通过加权因子 $\sum_j w_j x_j$ 决定感知器的输出 0 或者 1,公式为

$$\text{Output} = \begin{cases} 0 & \sum_j w_j x_j \leqslant \text{threshold} \\ 1 & \sum_j w_j x_j > \text{threshold} \end{cases} \tag{6-33}$$

3. MP 神经网络

MP 神经网络(McCulloch-Pitts neural network)是最早的神经网络模型之一,由 Warren McCulloch 和 Walter Pitts 在 1943 年提出。它是一种基于生物神经元工作原理的简化数学模型,被认为是人工神经网络的起源。MP 神经网络的核心思想是通过二进制输入和输出模拟神经元的激活行为(图 6-3)。

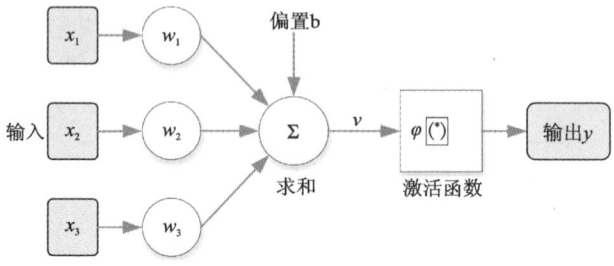

图 6-3 MP 模型结构

MP神经网络中,输入和输出只能是0或1,表示神经元的"抑制"或"激活"状态。每个神经元有一个固定的阈值,只有当输入信号的加权和超过该阈值时,神经元才会激活(输出1)。MP神经元的输出由以下公式决定:

$$y\varphi(*) = \begin{cases} 1 & \sum_{i=1}^{n} w_i x_i \geq \theta \\ 0 & \text{otherwise} \end{cases} \quad (6-34)$$

式中:θ为神经元的激活阈值;函数$f\varphi(*)$是激活函数,通常用Sigmoid函数。

MP神经元只能处理线性可分的问题,无法解决复杂的非线性问题;权重和阈值是固定的,无法通过数据训练调整;输入和输出只能是0或1,限制了其表达能力。

4. BP神经网络

BP神经网络(backpropagation neural network)是一种基于误差反向传播算法训练的多层前馈神经网络,于1986年由Rumelhart等提出。它是深度学习中最基础且广泛应用的模型之一。BP神经网络的核心是通过前向传播和反向传播两个过程来更新网络参数(权重和偏置)。BP神经网络的基本结构包括输入层、隐藏层和输出层,结构如图6-4所示。

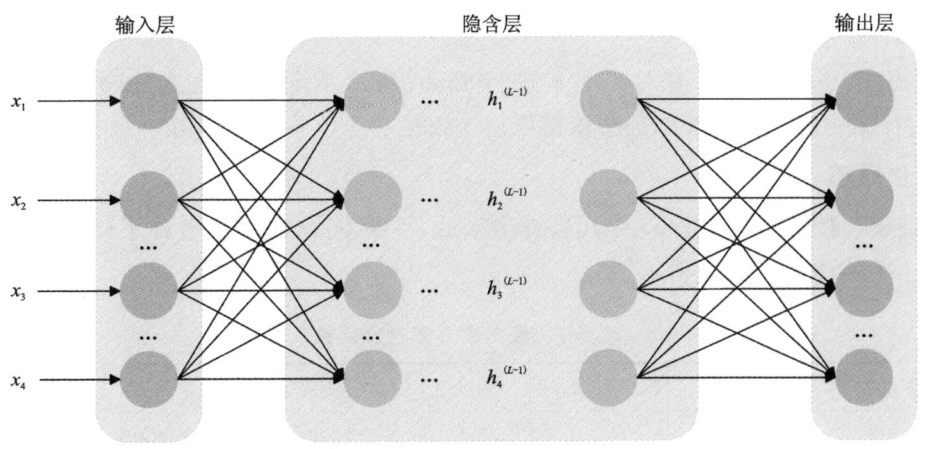

图6-4 BP神经网络结构

基本BP算法包括两个方面:信号的前向传播和误差的反向传播,即计算实际输出时按从输入到输出的方向进行,而权值和阈值的修正按从输出到输入的方向进行。

1)信号的前向传播

输入数据从输入层经过隐藏层传递到输出层,每一层的输出计算公式为

$$z = \boldsymbol{W} \cdot a + b \quad (6-35)$$
$$a = f(z) \quad (6-36)$$

式中:$\boldsymbol{W}$是权重矩阵;a是上一层的输出(或输入层的输入);b是偏置;f是激活函数(如Sigmoid、ReLU等)。最终输出层的输出与真实标签之间的误差通过损失函数(如均方误差、交叉熵等)计算。

2)误差的反向传播

从输出层开始,计算损失函数对每一层参数的梯度(即误差对权重和偏置的偏导数);使

用链式法则逐层反向传播误差,更新每一层的权重和偏置:

$$W = W - \eta \cdot \frac{\partial L}{\partial W} \tag{6-37}$$

$$b = b - \eta \cdot \frac{\partial L}{\partial b} \tag{6-38}$$

其中:η 为学习率;$\frac{\partial L}{\partial W}$ 和 $\frac{\partial L}{\partial b}$ 分别为损失函数对权重和偏置的梯度。

通过重复前向传播和反向传播过程,直到损失函数收敛或达到预定的训练轮数。

6.2.3.2 卷积神经网络(convolutional neural networks,CNN)

1. 基本概念

卷积神经网络是一类深层的前馈人工神经网络,其本质是一个多层感知机。目前所说的卷积神经网络,是对采用卷积核(convolutional kernel),配合层叠网格结构构成的流水线,来进行特征提取的一类神经网络的统称。该类型最为擅长抽象图片或更复杂信息的高维特征。

卷积核:又称滤波器,是一个小矩阵,通常用于对输入数据进行特征提取。在图像处理中,卷积核可以对输入图像的一个小区域中的像素进行加权平均,生成输出图像中的每个对应像素。

卷积操作:将卷积核在输入数据上进行滑动,每次滑动都会生成一个特征图(feature map)。特征图中的每个元素都是卷积核与输入数据对应位置的乘积之和。

2. 算法原理

卷积神经网络自 20 世纪 90 年代被提出来后,不断发展,出现了各种不同的结构,经典的卷积神经网络结构如表 6-7 所示。

表 6-7 经典的卷积神经网络

网络名称	提出者	提出时间/年	深度	核心创新点	意义
LeNet-5	Yann LeCun 等	1998	5 层	首个卷积神经网络结构	奠定 CNN 基础,成功应用于手写数字识别
AlexNet	Alex Krizhevsky 等	2012	8 层	ReLU、Dropout、GPU 加速	开启深度学习热潮,赢得 ILSVRC 2012
ZFNet	Matthew Zeiler 等	2013	8 层	反卷积可视化	解释 CNN 工作原理,赢得 ILSVRC 2013
GoogLeNet (Inception v1)	Google 团队	2014	22 层	Inception 模块、1×1 卷积降维	高效网络设计,赢得 ILSVRC 2014
VGGNet	Oxford Visual Geometry Group	2014	16/19 层	小卷积核堆叠	证明深度对性能的重要性,成为经典基准
ResNet	Kaiming He 等	2015	50+层	残差学习、跳跃连接	突破深度限制,成为现代深度学习基础,赢得 ILSVRC 2015

这些经典网络在计算机视觉领域的发展中起到了关键作用,并为后续的研究提供了重要的参考和启发。在上述卷积网络中,相比于经典神经网络新引入了卷积层(convolutional layer)、池化层(pool)、平化层(flatten layer)。这些层从神经网络结构上划分,仍然属于隐藏层。采用功能分类方式,细化隐藏层类,来扩展对CNN的结构描述,一般可以将CNN的层类型分为6类。

输入层:负责处理接收到的样本数据,进行必要的前处理准备工作,如数据清洗、归一化、格式转换等,以确保数据符合后续网络层的处理要求。

卷积层:专注于处理卷积核在输入数据上的移动操作,通过卷积运算提取输入数据的局部特征,并执行相关的数据过滤工作,以捕捉数据中的关键信息和模式。

池化层:主要承担压缩数据量和提升模型泛化能力的任务,通过下采样操作减少数据的空间维度,从而减少参数数量并降低计算复杂度,同时保留重要特征信息。

平化层(也称展平层):类似于输入层的前处理准备工作,但更侧重于将多维的输入数据展平成一维形式,以便能够被全连接层接收和处理。这一步骤通常发生在卷积层和池化层之后。

全连接层:作为神经网络中特征提取后的关键部分,全连接层负责完成提取特征的权重迭代和组合,通过线性变换和激活函数将高维特征映射到低维空间中,形成更加抽象和具有区分性的特征表示。

输出层:最终负责完成特征向量的处理,并将结果输出为最终的预测值或分类标签。这些输出值将交由损失函数进行评估和处理,以计算预测值与真实值之间的差异,并据此调整网络参数以优化模型性能。

当然,并不是所有的CNN模型都具有6个层次,有些没有平化层,而有些则会多出独立的激活层(专门用于激活函数生效的隐藏层)。以经典的VGGNet16为例,其结构如图6-5所示。

VGGNet16拥有4个主层,包含16个子层。第1层卷积层由2个conv3-64组成,第2层卷积层由2个conv3-128组成,第3层卷积层由3个conv3-256组成,第4层卷积层由3个conv3-512组成,第5层卷积层由3个conv3-512组成,然后是2个全连接4096,1个全连接1000,总共16层。

6.2.3.3 循环神经网络(recurrent neural networks,RNN)

1. 基本概念

循环神经网络是一种专门用于处理序列数据的神经网络架构。与传统的前馈神经网络不同,RNN引入循环连接,使得网络能够捕捉序列中的时间依赖性和上下文信息,从而具有记忆能力。在RNN中,每个时间步的隐藏层不仅接收当前输入,还接收来自上一时间步隐藏层的输出,这种机制允许网络"记忆"过去的信息,从而有效处理如文本、语音、时间序列等序列数据。

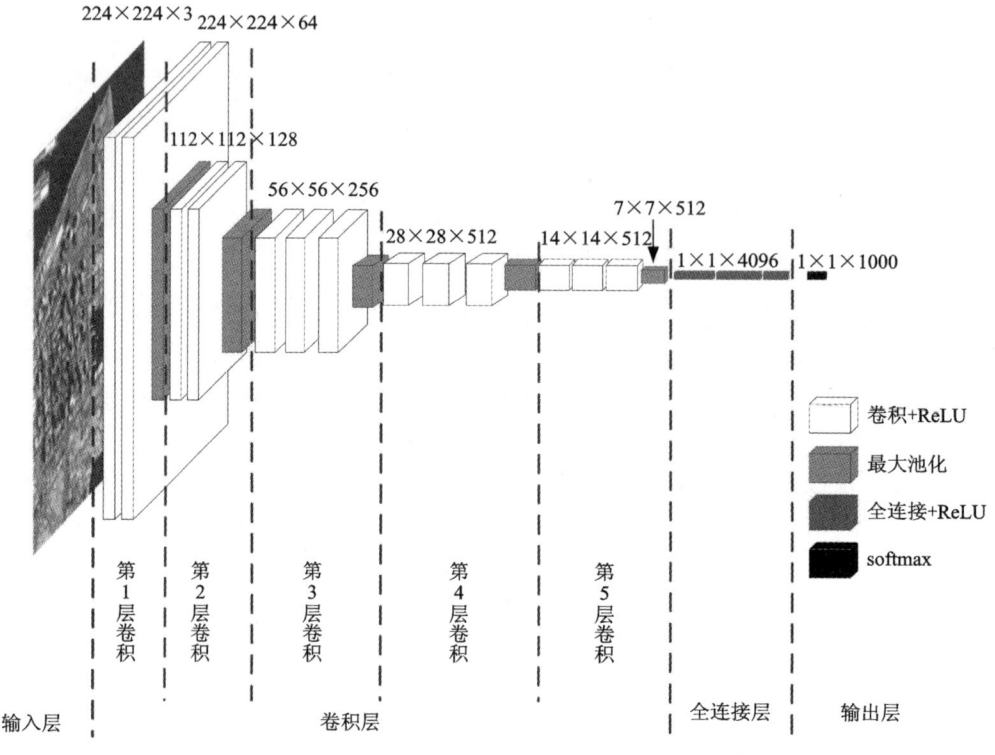

图 6-5　VGGNet16 卷积神经网络结构

2. 算法原理

一个简单的循环神经由输入层、一个隐藏层和一个输出层组成,在这个结构中其主要的特性是上一次的结果将会作为下一次的输入,如图 6-6 所示。

在输出层,通常使用 softmax 函数对数据进行归一化处理:

$$Y_n = \text{softmax}(S_n) = \frac{e^{S_n}}{\sum_{i=1}^{M} e^{S_c}} \quad (6\text{-}39)$$

在隐藏层中,常用 tanh( )作为激活函数;根据循环神经网络的性质可以分析出:

$$S_n = \tanh(US_n + WS_{n-1}) \quad (6\text{-}40)$$

$$Y_n = \frac{\sum_{n-1}^{n} \tanh(UX_n + WX_{n-1})}{\sum_{i=1}^{M} e^{S_c}} \quad (6\text{-}41)$$

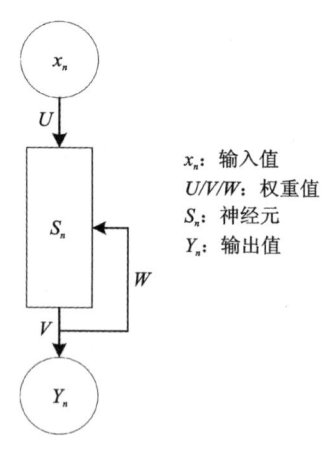

图 6-6　循环神经网络结构

RNN 在处理时序数据和共享参数等方面具有优势,但是由于 RNN 中的梯度在时间步骤上反向传播,可能会导致梯度消失或爆炸的问题,从而影响模型的训练;同时,标准的 RNN 很难处理长期依赖的序列,因为随着时间步数的增加,梯度信息逐渐丧失,导致模型难以捕捉长序列的全局信息。为此,衍生出了一系列的改进 RNN 变体,包括长短期记忆网络、门控循环单元等。其中长短期记忆网络是最知名的循环神经网络。

6.2.3.4 长短期记忆网络(long short-term memory,LSTM)

1. 基本概念

长短期记忆网络是一种改进的循环神经网络深度学习算法,设计目的是解决标准 RNN 在长序列数据训练中遇到的梯度消失问题和短期记忆问题。通过引入门控机制,LSTM 能够有效地捕捉长距离依赖关系,成为处理序列数据的强大工具。

LSTM 的核心是通过门控机制控制信息的流动,从而决定哪些信息需要保留、哪些信息需要丢弃。LSTM 单元包含 3 个关键的"门"。

遗忘门(forget gate):决定哪些信息需要从细胞状态中丢弃。

输入门(input gate):决定哪些新信息需要存储到细胞状态中。

输出门(output gate):决定哪些信息需要输出到下一个时间步。

2. 算法原理

LSTM 的基本组成单元为记忆块,一个记忆块包括一个遗忘门、一个输入门、一个输出门和一个记忆单元,其在 t 时刻的状态如图 6-7 所示。

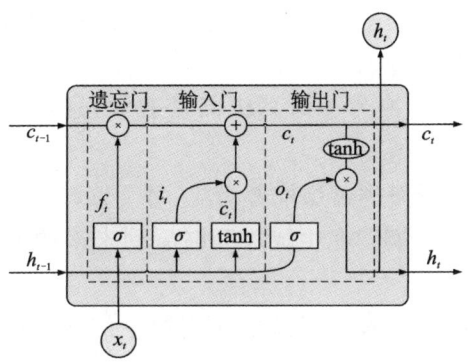

图 6-7 LSTM 模型记忆块示意图

在上一个时刻($t-1$)的计算结束后,记忆单元状态(c^{t-1})和输出(h^{t-1})被储存在记忆块中。在当前时刻(t),首先,基于上一时刻($t-1$)的输出(h^{t-1})和当前输入(X^t),使用 4 个多层感知机来计算遗忘门(f^t)、候选记忆单元状态($\widetilde{c^t}$)、输入门(i^t)和输出门(o^t),公式如下:

$$
\begin{aligned}
f^t &= \sigma(W_{xf}X^t + W_{hf}h^{t-1} + b_f) \\
\widetilde{c^t} &= \tanh(W_{xc}X^t + W_{hc}h^{t-1} + b_c) \\
i^t &= \sigma(W_{xi}X^t + W_{hi}h^{t-1} + b_i) \\
o^t &= \sigma(W_{xo}X^t + W_{ho}h^{t-1} + b_o)
\end{aligned}
\tag{6-42}
$$

在此基础上,计算新的记忆单元状态(c^t):

$$
c^t = f_t \cdot c^{t-1} + i^t \cdot \widetilde{c^t}
\tag{6-43}
$$

最后,通过非线性变换计算得到当前时刻的输出(h^t):
$$h^t = o^t \cdot \tanh(c^t) \tag{6-44}$$

其中,W 根据下标代表计算对应的门或者细胞的权重矩阵,类似地,b 代表偏置;σ 和 $\tanh$ 分别代表 sigmoid 函数和 tanh 函数。

遗忘门(f_t)决定了上一时刻($t-1$)的记忆单元状态(c^{t-1})有多少保留到当前时刻(t)的记忆单元状态(c^t)中,输入门(i^t)决定了当前时刻的输入(X^t)有多少保留到当前时刻的记忆单元状态(c^t)中;输出门(o^t)决定了当前时刻记忆单元状态(c^t)有多少输出为(h^t)。

6.2.3.5 Transformer

1. 基本概念

Transformer 是 Google 的团队在 2017 年提出的,通过使用 Self-Attention 机制,不采用 RNN 的顺序结构,使得模型可以并行化训练,而且能够拥有全局信息。Transformer 完全摒弃了传统的循环神经网络(RNN)和卷积神经网络(CNN)结构,由编码器(encoder)和解码器(decoder)组成,每个模块由多层自注意力层和前馈神经网络层堆叠而成。编码器包括位置编码(positional encoding)、多头注意力机制(multi-head attention)、层正则化(layer normalization,LN)、前馈神经网络(feed forward network,FFN)和跳跃连接(skip-connection)。

自注意力机制:通过计算序列中每个元素与其他元素的相关性,动态分配注意力权重,从而捕捉长距离依赖关系。

编码器:负责将输入序列转换为一组高维向量表示,这些向量包含了输入序列的所有信息。

解码器:解码器同样由多个解码器层堆叠而成,每个解码器层包含自注意力机制(在这里被修改为掩码自注意力,以防止模型在生成序列时看到未来的单词)、编码器-解码器注意力机制和前馈神经网络。

位置编码:由于 Transformer 没有显式的序列顺序信息,通过位置编码为输入序列添加位置信息。

多头注意力机制:Transformer 的核心组件,用于捕捉输入序列中不同位置之间的依赖关系。它通过并行计算多个注意力头,增强了模型的表达能力。

层正则化:一种用于稳定训练过程的技术,通过对每一层的输出进行归一化,减少内部协变量偏移。

前馈神经网络:Transformer 中每个编码器和解码器层的组成部分,用于对自注意力机制的输出进行非线性变换。

跳跃连接:是一种将输入直接添加到输出中的技术,用于缓解深层网络中的梯度消失问题,并促进信息流动。

并行计算:与 RNN 不同,Transformer 可以并行处理整个序列,显著提高了训练效率。

2. 算法原理

Transformer 是一种 encoder-decoder 结构,常见的结构如图 6-8 所示。

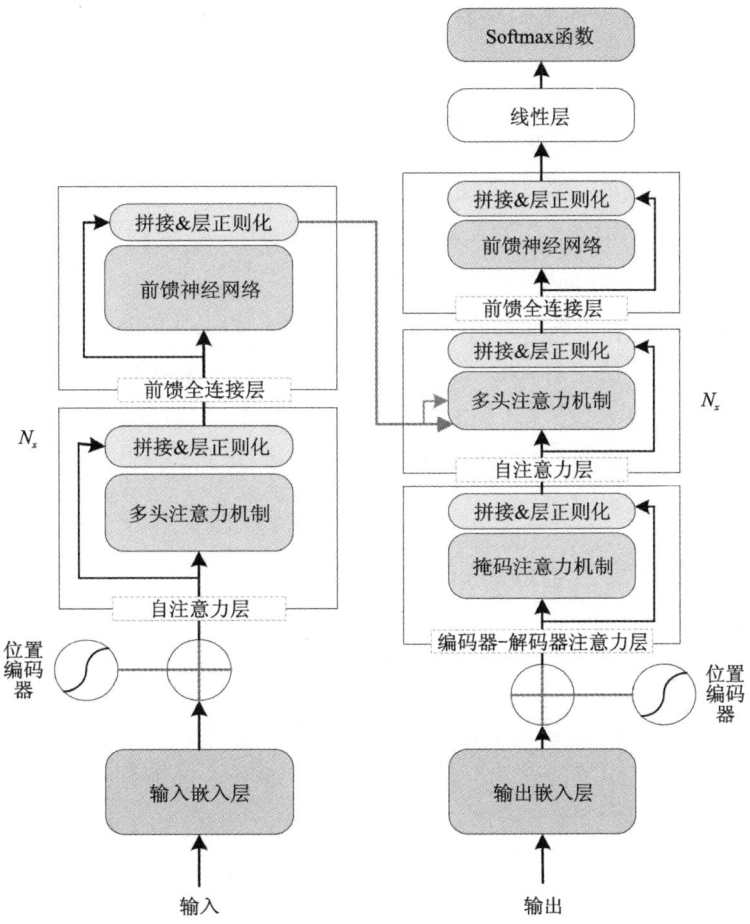

图 6-8　Transformer 模型结构

在图 6-8 中，Transformer 左侧为编码器，右侧为解码器。编码器将输入序列（例如一句话）转化为一系列上下文表示向量，它由多个相同的层组成。每一层都由两个子层组成，分别是自注意力层和前馈全连接层。具体地，自注意力层将输入序列中的每个位置与所有其他位置进行交互，以计算出每个位置的上下文表示向量。前馈全连接层则将每个位置的上下文表示向量映射到另一个向量空间，以捕捉更高级别的特征。解码器将编码器的输出和目标序列作为输入，生成目标序列中每个位置的概率分布。解码器由多个相同的层组成，每个层由 3 个子层组成，分别是自注意力层、编码器-解码器注意力层和前馈全连接层。其中自注意力层和前馈全连接层的作用与编码器相同，而编码器-解码器注意力层则将解码器当前位置的输入与编码器的所有位置进行交互，以获得与目标序列有关的信息。

1）自注意力机制

自注意力机制是 Transformer 模型的核心，在捕捉长距离依赖方面发挥了重要作用。自注意力机制的公式如下。

$$\text{Attention}(q,k,v) = \text{Softmax}\left(\frac{qk^{\text{T}}}{\sqrt{d_k}}\right)v \tag{6-45}$$

式中:q、k 和 v 表示输入特征层通过线性映射得到的特征向量;d_k 代表向量 k 的维度。

2)多头注意力机制

在多头注意力机制中,使用多组 Q、K、V 向量分别组成矩阵 Q、K、V,然后并行地对它们进行计算,最后将它们在通道维度进行拼接。通过多头注意力机制,不同的头能够学习到来自不同子空间的不同特征表示。多头注意力机制的公式如下。

$$\text{MultiHead}(Q,K,V) = \text{Concat}(\text{Head}_1, \text{Head}_2, \cdots, \text{Head}_H)W^O \quad (6\text{-}46)$$

$$\text{Head}_l = \text{Attention}(QW_l^Q, KW_l^K, VW_l^V) \quad (6\text{-}47)$$

式中:$i = 1, 2, \cdots, H$,表示多头注意力中头的个数;W_l^Q 和 W_l^K 是形式为 (d_{model}, d_K) 的矩阵,W_l^V 是形式为 (d_{model}, d_V) 的矩阵;$d_K = d_V = d_{\text{model}}/H$;$H$ 代表多头注意力中头的数量,三者都是用于映射输入的可学习参数矩阵;而 d_{model} 则代表了整个序列的维度;Concat 是矩阵拼接操作;Attention 是自注意力机制。因为每个注意力头的维度减少,所以多头注意力机制和同维度的单头注意力的总计算量相同。

6.2.3.6 生成对抗网络(generative adversarial networks,GAN)

1. 基本概念

在传统机器学习领域,生成新的数据样本往往依赖于人工设计的特征或既定规则。但这种方法受限于人类设计特征或规则的能力,导致生成的数据可能缺乏真实感、多样性及创新性。为了克服这一难题,Ian Goodfellow 等在 2014 年提出了一种创新的深度学习模型-生成对抗网络。GAN 由两个神经网络模型——生成器(generator)与判别器(discriminator),通过对抗性训练的方式相互竞争而提高模型的判断能力。

生成器是一个神经网络,其目标是生成与真实数据相似的数据样本。生成器接受一组随机噪声作为输入,经过网络层的变换输出一个假数据(例如图像)。生成器的目标是"欺骗"判别器,让判别器误判生成的数据为真实数据。

判别器同样是一个神经网络,其任务是区分输入的数据是否来自真实的数据分布。判别器会根据输入的数据(真实数据或生成数据)输出一个概率值,表示数据属于真实数据的概率。

2. 算法原理

GAN 主要由生成器(图 6-9 中的 G)和判别器(图 6-9 中的 D)两大独立的网络构成,两者之间作为互相对抗的目标,其基本结构如图 6-9 所示。

GAN 由两套独立的网络构成:第一套是训练中的分类器(图示为 D),负责区分输入数据是真实数据还是由另一套网络生成的虚假数据;第二套则是生成器(图示为 G),它的作用是创造与真实样本相似的随机样本,这些样本被视为假样本。

在训练阶段,分类器 D 会接收到真实数据和生成器 G 产生的假数据,其任务是准确判断每张图片的真实性。对于输出结果,可以同时优化两套网络的参数。当 D 正确识别数据时,需要调整生成器 G 的参数,以提升假数据的逼真度;而当 D 判断错误时,则需调整其自身的参数,以避免未来再次犯错。这一过程将持续进行,直至两者达到一种平衡状态。训练完成

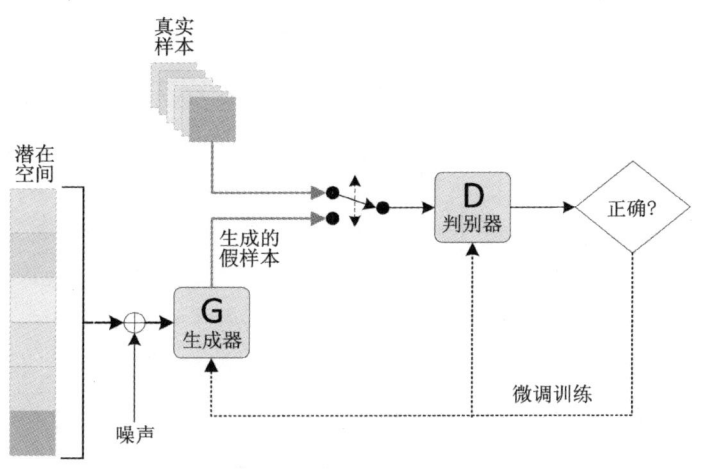

图 6-9　生成对抗网络结构流程图

后,将获得一个高质量的自动生成器和一个强大的分类器。自动生成器可用于机器创作,而分类器则可用于机器分类任务。

6.2.3.7　残差神经网络(residual network,ResNet)

残差网络是何恺明等于 2015 年提出的一种神经网络,其思想是通过在网络中添加"短连接",以改善单一连接方式的网络在层次加深后出现的神经网络性能退化问题。这种增加短连接后的结构被称为残差模块。如图 6-10 所示,这种短连接能够跨越多个权重层,将输入直接映射至输出端,从而避免网络的退化,在不增加参数的情况下提升模型的性能。

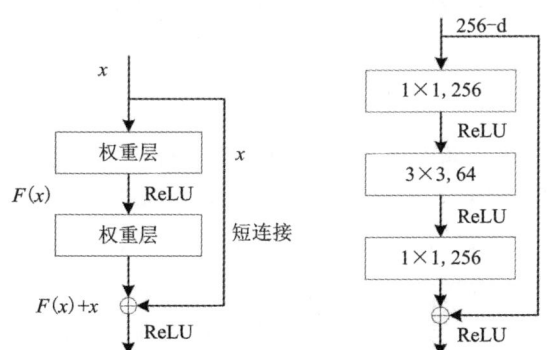

图 6-10　残差结构和 ResNet 基本单元

ResNet 由许多个基本的单元结构组合而成。图 6-10 中展示了其中一种基本单元,该单元由卷积层与激活函数构成,通道数为 256,其中两个 1×1 的卷积层用于降低和恢复维度,从而减少中间 3×3 卷积层的计算量,在保持模型精度的情况下节约了模型的计算时间。典型的 ResNet-101 的网络结构如表 6-8 所示,该网络拥有较深的网络层数,能够最大限度地提取遥感影像中养殖区的特征,鲁棒性较高。

表 6-8 ResNet-101 网络结构

层名称	层结构	输出尺寸
Conv1	7×7, 64, 步长 2	112×112
Conv2_x	3×3 最大池化, 步长 2 $\begin{bmatrix} 1×1, 64 \\ 3×3, 64 \\ 1×1, 256 \end{bmatrix} ×3$	56×56
Conv3_x	$\begin{bmatrix} 1×1, 128 \\ 3×3, 128 \\ 1×1, 512 \end{bmatrix} ×4$	28×28
Conv4_x	$\begin{bmatrix} 1×1, 256 \\ 3×3, 256 \\ 1×1, 1024 \end{bmatrix} ×23$	14×14
Conv5_x	$\begin{bmatrix} 1×1, 512 \\ 3×3, 512 \\ 1×1, 2048 \end{bmatrix} ×3$	7×7
FC	平均池化, 1000-d fc, softmax	1×1

6.3 案例:基于 CNN 的海洋养殖区分类识别研究

6.3.1 问题来源

近海水产养殖业的快速发展创造了巨大的经济效益,但随之而来的高密度养殖给海域环境造成越来越严重的污染。因此,对养殖区位置及其范围的高精度监测成为海洋管理部门的迫切需求。但长期以来,人工调查的监测方式存在速度慢、成本高、精度低等问题,近年来出现的遥感监测技术能够及时提供高分辨率的养殖区影像。通过时空分类技术,不仅能快速提取影像中的养殖区相关信息,还能从历史影像中分析出养殖区的变化特征、结合划定的养殖范围对违规养殖的情况进行预警等,从而使管理人员动态监测近海养殖区的范围、数量和面积,为养殖区的规划与管理政策的制定提供支撑。

6.3.2 技术方案

近海养殖区遥感影像识别的目标是获取遥感影像中各养殖区的像素级轮廓及所属类别,这在计算机视觉领域中属于实例分割任务。本案例选择广泛使用的 Mask R-CNN 模型开展近海养殖区的识别研究,以该模型为基础网络进行改进,最终构建一套近海养殖区遥感影像识别模型,并进行改进策略的消融实验与模型的验证。

数据来源：使用福建宁德三都澳近海养殖区的 GF-1 遥感影像数据开展养殖区识别模型的相关实验。该影像采集于 2020 年 6 月 13 日，范围是 E119°28′8″~E120°9′44″、N26°21′34″~N27°0′24″。经过辐射定标、大气校正与正射校正后，进行图像融合，最终影像的空间分辨率为 2m。

6.3.2.1 数据预处理

将遥感影像裁剪为 160 张 500 像素×500 像素的样本，其中 128 张用于训练，32 张用于测试。在影像裁剪时，为确保模型能有效学习筏式养殖与网箱养殖两类养殖区的特征，我们尽量使两类养殖区数量均匀。随后，通过目视解译手工标记出精细边界的真实值。鉴于海洋环境复杂，为防过拟合，我们进行数据增强，包括添加高斯噪声、高斯模糊及调整对比度，以提高模型泛化能力。数据增强后，样本增至 640 张，其中训练集 512 张，测试集 128 张，效果如图 6-11 所示。

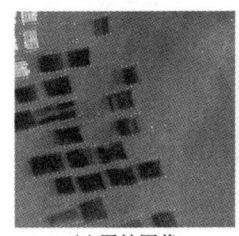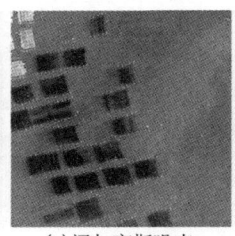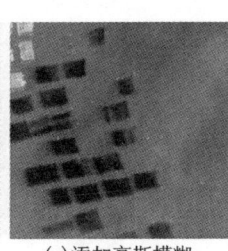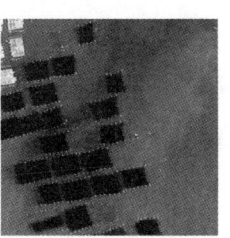

(a)原始图像　　(b)添加高斯噪声　　(c)添加高斯模糊　　(d)调整对比度

图 6-11　数据增强示意图

此外，为了验证模型对不同分辨率遥感影像的识别效果，在 2m 数据集的基础上，根据此类研究常用的卫星影像空间分辨率大小，使用双线性下采样分别模拟了 4m、10m、15m、20m、30m 及 50m 的低分辨率图像，并生成样本对应的 Ground-truth，得到不同分辨率的数据集。

6.3.2.2 模型训练

使用 TensorFlow 框架构建养殖区遥感影像识别模型。为了充分利用现有资源，提高模型的性能，采用迁移学习的方法，使用在大型公开数据集 COCO 数据集上训练得到的预训练模型，在此基础上将训练样本与 Ground-truth 输入模型中，对模型进行两个阶段的训练，第一阶段固定部分网络以充分学习预训练模型的参数，第二阶段放开整个网络，使用随机梯度下降法进行迭代训练。

使用测试集对模型效果进行量化。将 128 幅养殖区影像的识别结果与 Ground-truth 进行对比，和基于对象的评估方法不同，本案例以像素为基本计算单位计算识别结果的准确率（precision）、召回率（recall）和 F_1-score，以评价模型对两类养殖区的提取效果。其中，准确率主要用来评估一个类别的识别正确率；召回率主要用来评估一个类别中有多少像素被正确识别出来；F_1-score 是一个综合考虑准确率和召回率的精度指数，其数值为准确率和召回率的调和平均值。调和平均值是数学中使用的几种平均值之一，比传统的算术平均值更适用于比率（如准确率和召回率）。

6.3.3 结果分析

6.3.1.1 改进模型的分类识别精度分析

为了验证本案例使用的两种改进策略的有效性,在 Mask R-CNN 模型的基础上进行消融实验,对比 CBAM 与 Soft-NMS 对模型效果的影响。

使用空间分辨率为 2m 的影像数据集分别对基础 Mask R-CNN 模型、增加 CBAM 的模型、使用 Soft-NMS 替换 NMS 的模型,以及同时使用 CBAM 与 Soft-NMS 的模型(以下分别简称为模型 1、模型 2、模型 3 及模型 4)进行测试,结果如表 6-9 所示。

表 6-9 消融实验定量测试结果

模型	RCA			CCA		
	准确率	召回率	F1-score	准确率	召回率	F1-score
Mask R-CNN(模型 1)	0.874	0.805	0.838	0.897	0.903	0.900
模型 1+CBAM(模型 2)	0.890	0.807	0.847	0.894	0.917	0.905
模型 1+Soft-NMS(模型 3)	0.909	0.792	0.847	0.914	0.896	0.905
模型 1+CBAM+Soft-NMS(模型 4)	0.904	0.818	0.859	0.911	0.922	0.916

由表 6-9 中模型 1 与模型 2 的测试结果可得,在 Mask R-CNN 中增加 CBAM 提升了模型对 RCA 的准确率及对两类养殖区的召回率和 F_1-score,其中两类养殖区的 F_1-score 分别提升了 0.009 与 0.005。结果表明,CBAM 的引入抑制了遥感影像中复杂背景信息的干扰,使模型专注于有利特征的提取,提升了模型对养殖区的识别精度;Soft-NMS 解决了在养殖区分布密集且倾斜的情况下 NMS 算法存在的问题,在出现重叠面积较大的候选框时通过柔和的方式降低候选框的置信度,从而提升了模型对养殖区的识别精度。模型提取的养殖区效果如图 6-12 所示。

6.3.1.2 海洋养殖区识别和变化监测分析

图 6-13 展示了养殖区面积极值时间段内的几幅典型影像及对应的养殖区数量与面积,其中(a)图对应 2016 年 3 月 5 日,(b)图对应 2014 年 7 月 31 日,(c)图对应 2018 年 10 月 30 日,图中框中浅色区域表示筏式养殖区,框中深色区域表示网箱养殖区。从图 6-13 中可以明显地看到,养殖区的面积随着季节的变化而发生改变,这与当地的养殖行为特征紧密相关。霞浦区域所在的三都澳地区主要养殖了大黄鱼、海参、鲍鱼、龙须菜、海带、紫菜等作物,影像中不同时期变化较大的筏式养殖区主要养殖的是龙须菜、海带、紫菜等,高温会导致这类作物产量下降,因此最佳生长季节为冬季和春季。海带是霞浦区域的主要栽培作物,11 月左右种植,次年 4 月至 6 月收获。紫菜在 9 月种植,10 月至次年 2 月收获数次。因此,6 月至 8 月观察到的筏式养殖区较少,养殖区总面积处于最小值。

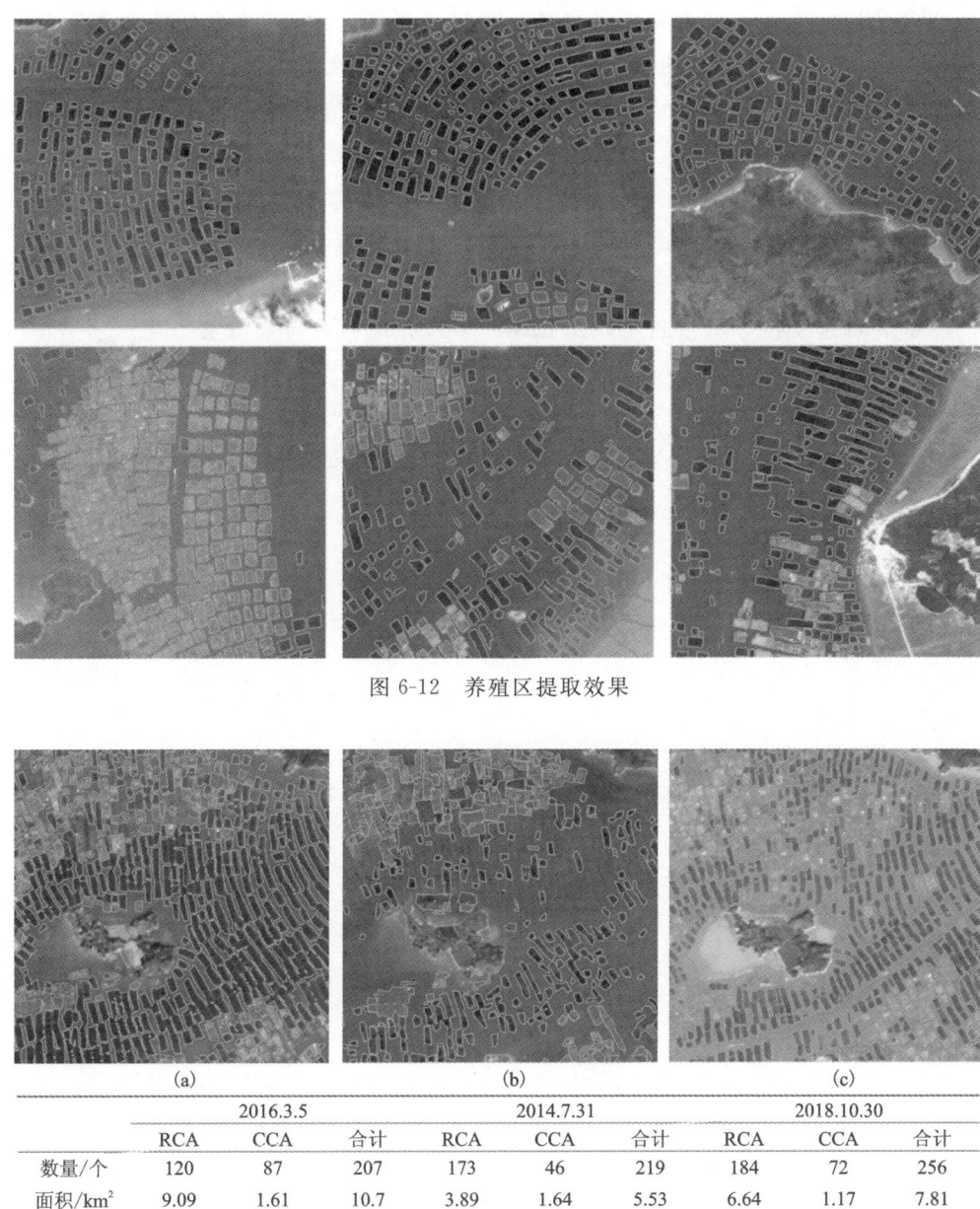

图 6-12 养殖区提取效果

	2016.3.5			2014.7.31			2018.10.30		
	RCA	CCA	合计	RCA	CCA	合计	RCA	CCA	合计
数量/个	120	87	207	173	46	219	184	72	256
面积/km^2	9.09	1.61	10.7	3.89	1.64	5.53	6.64	1.17	7.81

图 6-13 不同时间养殖区识别结果

扩展与思考

（1）时空分类分析方法包括哪些主要类型？请比较这些方法在处理时空数据时的优缺点，并说明它们之间的主要区别。

（2）描述几种常见的监督学习分类方法。在何种情况下，你会更倾向于选择哪种方法？请结合时空数据的特点进行分析。

(3)生成对抗网络(GAN)相比于普通卷积神经网络(CNN),最典型的特征是什么?请结合时空数据的生成和分类任务,说明 GAN 在时空数据中的应用场景。

(4)如果要开发一套工具帮助医生看 X 光片图片,你会选择哪种算法(如 CNN、ResNet、Transformer 等)?请结合时空数据的图像特征和医学诊断需求,说明选择该算法的原因。

(5)在时空分类分析中,如何评估模型的性能?请列举几种常见的评估指标(如准确率、召回率、F1-score 等),并说明在时空数据分类任务中,哪些指标更为重要。

(6)在时空分类分析中,模型的解释性对于实际应用非常重要。请比较几种常见的模型解释方法(如特征重要性分析、SHAP 值、LIME 等),并说明在时空数据分类任务中,如何提高模型的可解释性。

(7)在时空分类分析中,如何融合多模态数据(如图像、文本、时间序列等)以提高分类性能?请列举几种多模态数据融合的方法,并说明其在时空数据分类中的应用场景。

(8)时空分类模型如何在不同领域(如交通、气象、金融)中实现跨领域应用?请结合具体案例说明。

第 7 章 时空聚类分析

时空聚类作为时空分类的重要构成部分,是一种在多个领域内拥有广泛应用前景的时空分析技术。在环境监测、城市规划、灾害预警以及公共卫生管理等方面,时空聚类分析发挥着重要的作用。鉴于其重要性,本章节特别将时空聚类作为专题进行讲解,详细介绍其主流方法与技术原理;案例部分将讲述利用系统聚类法分析我国水污染时空分异规律。

7.1 时空聚类分析概念

遥感、移动网络、GPS 设备和 RFID 系统等技术的快速发展,产生了大量的时空数据。随着时空数据资源库规模的不断扩大,如何有效分析和挖掘这些数据中的潜在规律和信息,成为时空数据分析领域的关键挑战之一。聚类分析通过度量数据之间的相似性,将数据集分为多个组的过程,成为时空数据信息挖掘的常用手段之一。传统的空间聚类方法通常以经度和纬度为单位对数据进行划分。而时空聚类则是在空间聚类的基础上,进一步将时间维度引入数据分析中,是空间聚类的自然延伸。时空聚类分析,顾名思义就是结合时间和空间信息的数据进行聚类分析,以挖掘数据中的时空模式和群集特征,将具有相似时空特征的数据归为一类,以识别数据的时空趋势、热点区域或异常情况等。相较于传统的聚类分析,时空聚类是在空间维度的基础上进一步拓展至时间维度。时空聚类方法对于揭示地理现象演变趋势、变化规律及其内在机制具有重要意义。

7.2 时空聚类分析方法

7.2.1 系统聚类法

系统聚类分析是聚类分析方法的一种,又称为谱系分析、层次聚类分析,其理论基础可以追溯到 20 世纪 50 年代和 60 年代。系统聚类分析的核心思想是按距离远近,依次对距离较近的变量先聚成类,距离较远的变量后聚成类,直至每个变量归入合适的类别。系统聚类分析的关键是计算和确定类别的距离,根据计算类别之间的距离方法不同,系统聚类分析可分为最短距离法、最长距离法、中间距离法、重心法、组间连接法、组内连接法、离差平方和法等。

7.2.2 K-means 算法

基于 K-means 的聚类法是一种基于划分的聚类方法,通过迭代优化将数据划分为 K 个簇。它需要预先指定聚类数量 K，并通过最小化簇内样本与簇中心之间的距离来实现聚类。该算法最早由 Edward W. Forgy 于 1965 年独立提出，并应用到实际的数据分析中。基于 K-means 算法的时空聚类方法具有簇划分明确的特征，适合对大规模数据快速分类。算法的基本步骤如下。

(1)初始化，随机选择 N 个数据点作为初始簇中心，即质心。

(2)将每个数据点分配到距离其最近的簇中心。

(3)计算每个簇的新簇中心。

(4)重复步骤(2)和(3)，直至簇中心不再变化或达到指定的迭代次数停止。

基于 K-means 算法的时空聚类方法结合时空特征，在传统的 K-means 聚类分析方法的目标函数中引入时间权重，使得簇中心反映时间特征与空间位置信息。基于 K-means 算法的时空聚类方法的目标函数为

$$J = \sum_{i=1}^{K} \sum_{x \in C_i} (w_s \| x_s - \mu_{si} \|^2 + w_t \| x_t - \mu_{ti} \|^2) \tag{7-1}$$

式中：w_s 和 w_t 表示空间与时间的权重；μ_{si} 和 μ_{ti} 分别表示簇 C_i 的空间与时间质心。

7.2.3 ST-DBSCAN 算法

ST-DBSCAN 算法的基本思想是将空间邻域扩展到时空邻域，考虑数据点在空间和时间上的邻近特征。算法的主要步骤包括以下几部分。

7.2.3.1 时空邻域的定义

在传统的 DBSCAN 算法中，核心概念是邻域(ϵ)，即一个数据点的邻域由距离该点不超过 ϵ 的其他数据点组成。而在 ST-DBSCAN 算法中，邻域的定义不仅涵盖了空间距离，还融入了时间距离的考量。假设数据点 $P = (X_p, y_p, t_p)$ 和 $q = (X_q, y_q, t_q)$ 分别是时空数据集中的两个数据点，空间距离和时间距离的计算公式如下。

(1)空间距离：一般计算空间上两个点之间的欧几里得距离。

$$d_{\text{spatial}}(p,q) = \sqrt{(x_p - x_q)^2 + (y_p - y_q)^2} \tag{7-3}$$

(2)时间距离：时间维度的距离通常使用时间差来表示。

$$d_{\text{temporal}}(p,q) = |t_p - t_q| \tag{7-4}$$

(3)时空邻域：结合空间距离和时间距离，时空邻域定义为同时满足空间和时间距离约束的点集。

$$N_{\epsilon, \Delta t}(p) = \{q \mid d_{\text{temporal}}(p,q) \leq \epsilon \text{ and } d_{\text{temporal}}(p,q) \leq \Delta t\} \tag{7-5}$$

式中：ϵ 是空间邻域的半径；Δt 是时间邻域的宽度。空间邻域 ϵ 控制空间维度上的邻域范围，而时间邻域 Δt 控制时间维度上的邻域范围。$N_{\epsilon, \Delta t}(p)$ 是点 p 的时空邻域，包含所有既在空间上接近又在时间上接近的数据点。

7.2.3.2 核心点、边界点和噪声点

与 DBSCAN 算法类似，ST-DBSCAN 算法也定义了 3 种类型的点，其中核心点是时空聚

类的"核心",其附近的点属于同一个聚类。边界点位于核心点的邻域内,但其邻域不够大,无法成为核心点。噪声点是无法归入任何聚类的数据点,通常被认为是异常值。

(1)核心点:如果点 p 的时空邻域内的点数大于或等于给定的最小点数 MinPts,则 p 被视为核心点。即:

$$|N_{\epsilon,\Delta t}(p)| \geqslant \text{MinPts} \tag{7-5}$$

(2)边界点:如果点 p 不满足核心点的条件,但它位于某个核心点的时空邻域内,则 p 被视为边界点。

(3)噪声点:点 p 既不属于核心点,也不在其任何核心点的邻域范围内,则将点 p 认定为噪声点。

7.2.3.3 聚类过程

聚类的核心思想是通过递归地扩展核心点的时空邻域,将相邻的点归为同一聚类。通过这种扩展方式,ST-DBSCAN 算法能够有效地处理密度不均的时空数据,并且能够识别出聚类中的噪声点。聚类过程如下。

(1)对每个数据点 p 进行处理。如果 p 是核心点,并且还没有被访问过,则以 p 为起点,创建一个新的聚类。将所有属于 p 时空邻域的点都加入该聚类中,并递归地检查邻域中的其他点。

(2)对于每一个点 p,如果它是边界点,则将其加入与其邻域中的核心点相同的聚类中。

(3)如果一个点既不是核心点也不是边界点,则它是噪声点,单独标记。

重复以上步骤,直到所有点都被处理过。

ST-DBSCAN 方法能够有效处理时空数据中的噪声点和异常值,具有灵活性高、噪声处理能力强、能够适应具有不同密度的时空数据、发现形状不规则的聚类、适应动态数据等优势。通过引入时间维度,ST-DBSCAN 方法能够处理具有时间变化的动态数据集。但 ST-DBSCAN 方法对时空邻域的半径 $\in$ 和最小点数 MinPts 非常敏感,选择不当可能导致不理想的聚类结果。在大规模数据集上,ST-DBSCAN 方法的计算复杂度较高,需要优化计算过程以提高效率。综合而言,ST-DBSCAN 方法适用于分析不同时间和地点的交通拥堵情况,识别交通事故热点等交通流量分析,识别地震活动区域和时间集中度,发现地震震中和余震区等领域。

7.2.4 OPTICS 算法

OPTICS(ordering points to identify the clustering structure,通过点的排序来识别聚类结构)算法是一种基于密度的聚类方法,其核心目标是揭示数据的聚类结构,适用于分析密度不一的簇或形状复杂的数据集。OPTICS 算法是 DBSCAN 算法的改进版本,但与 DBSCAN 不同,OPTICS 通过生成一个"可达性图"来展示数据点之间的密度关系,从而为用户提供更直观和灵活的聚类结果。

OPTICS 算法的关键在于引入了两个核心概念:核心距离(core distance)和可达距离(reachability distance),通过它们来衡量数据点之间的密度连通性。核心距离用于衡量某个

点 p 成为核心点的条件。对于一个点 p,如果其邻域中至少包含 MinPts 个点,则其核心距离定义为 p 到其第 MinPts 个最近邻点的距离:

$$\text{cd}(p) = \begin{cases} d(p,q), & |N_\in(p)| \geqslant \text{MinPts} \\ \infty, & |N_\in(p)| < \text{MinPts} \end{cases} \quad (7\text{-}6)$$

式中:$d(p,q)$ 表示点 p 和点 q 之间的距离;$N_\in(p)$ 是点 p 在半径内的领域。如果邻域内点数不足 MinPts,则核心距离被定义为无穷大,意味着该点无法成为核心点。

可达距离度量了一个点 q 相对于另一个核心点 p 的密度连接程度,定义如下:

$$\text{rd}(p,q) = \max(\text{cd}(p), d(p,q)) \quad (7\text{-}7)$$

如果 q 位于 p 的密度邻域内(即 $d(p,q) \leqslant \varepsilon$),则可达性距离由核心距离和点对距离的较大值决定。即使 q 距离 p 较近,但如果 p 的核心距离较大,则可达距离会体现 p 的局部稀疏性。

OPTICS 算法所涉及的主要步骤如下。

(1)初始化。对每个点初始化为未处理状态,并初始化一个空的可达性排序列表。

(2)计算核心距离和扩展邻域。对于每个未处理点 p,计算核心距离。如果 p 的核心距离为有限值(即 $\text{cd}(p) \neq \infty$),则标记 p 为核心点。其次,在 p 的邻域内,计算所有点 q 的可达距离,将点 q 按其可达性距离从小到大插入排序列表中。

(3)可达性排序。算法对所有点重复上述步骤,最终生成一个包含所有点的可达性排序。每个点的可达性距离反映了它与其最邻近核心点之间的密度连通性。

(4)根据可达距离,构建可达距离图,展示数据点之间的聚类结构和层次关系。在 OPTICS 算法运行完成之后,将输出一幅具有可达距离信息的图表。横轴为数据点的索引,纵轴为每个点的可达性距离,低可达性距离的"凹谷"对应于高密度的簇,高可达性距离的"峰值"对应于簇之间的边界或噪声点。

OPTICS 算法通过可达性图扩展了 DBSCAN 算法的能力,OPTICS 算法可以发现不同密度的簇,而 DBSCAN 算法对密度变化较为敏感。其次,OPTICS 算法提供了数据的聚类层次信息,而 DBSCAN 算法只能输出平面聚类结果。最后,OPTICS 算法在复杂形状和密度的数据集以及需要提取多层次聚类结果的场景中表现出色。

7.2.5 STING 算法

STING(statistical information grid)算法是一种基于网格的时空数据聚类方法。该方法首先通过将数据空间划分为多个大小相同的网格,然后在每个网格内计算统计信息(如均值、方差等),最后通过分析这些统计信息进行聚类。STING 算法的核心优势在于其效率较高,适用于大规模数据集,并且能够适应数据的复杂性和噪声。

STING 算法的核心思想是通过构建网格索引结构来聚类时空数据。其基本步骤包括以下几个部分。

(1)网格划分。STING 算法首先将时空数据空间划分为若干个大小相等的网格单元。这些网格单元被用来组织和存储数据点,每个网格包含一个或多个数据点。假设时空数据集的空间范围是$[x_{\min},x_{\max}]$和$[y_{\min},y_{\max}]$,而数据的时间范围是$[t_{\min},t_{\max}]$,则根据用户指定的网格大小δ_x、δ_y、δ_t,可以将数据空间划分为以下网格:

$$G(x,y,t)=\left[\frac{x-x_{\min}}{\delta_x}\right],\left[\frac{y-y_{\min}}{\delta_y}\right],\left[\frac{t-t_{\min}}{\delta_t}\right] \tag{7-8}$$

式中:[]表示向下取整操作;δ_x、δ_y、δ_t分别为空间和时间维度的网格分辨率。每个网格包含相应时间、空间坐标范围内的数据点。每个数据点会根据其空间和时间坐标被映射到一个对应的网格单元中。

(2)计算统计信息。在网格划分完成后,STING算法会在每个网格内计算一组统计信息,通常包括均值、方差、数据点数目等。对于一个网格$G_{i,j,k}$,其中i、j、k分别表示空间和时间维度上的索引,网格中的数据点集合为$D_{i,j,k}=\{d_1,d_2\cdots d_m\}$,则网格内的统计信息计算如下。

① 均值$\mu_{i,j,k}$:

$$\mu_{i,j,k}=\frac{1}{m}\sum_{d\in D_{i,j,k}}d \tag{7-9}$$

② 方差$\sigma_{i,j,k}^2$:

$$\sigma_{i,j,k}^2=\frac{1}{m}\sum_{d\in D_{i,j,k}}(d-\mu_{i,j,k})^2 \tag{7-10}$$

③ 数据点数目$m_{i,j,k}$:

$$m_{i,j,k}=|D_{i,j,k}| \tag{7-11}$$

其中,均值提供了数据的集中趋势,方差则提供了数据的散布情况,数据点数目表示该网格中数据的密度。

(3)聚类发现。STING算法的关键部分在于如何利用统计信息来发现聚类。通过分析网格单元的均值和方差,STING能够识别出具有相似特征的数据点组。这些组被认为是一个潜在的聚类。

A. 对于每一组相邻网格$G_{i,j,k}$和$G_{i',j',k'}$,计算它们之间的统计信息差异(例如,均值的差异或方差的差异)。

B. 如果网格之间的差异小于某个预设的阈值ε,则认为这两个网格属于同一个聚类。

C. 聚类的最终结果是根据这些相似性关系合并相邻的网格单元,直到没有更多的合并操作。

D. 通过比较网格之间的统计差异,STING算法能够在空间和时间维度上识别出相似的数据群体。如果网格之间的差异小于预设阈值,算法认为这两个网格属于同一个聚类。聚类的判定条件通常为

$$\mathrm{Diff}(G_{i,j,k},G_{i',j',k'})=|\mu_{i,j,k}-\mu_{i',j',k'}|\leqslant\varepsilon \tag{7-12}$$

式中:Diff表示两个网格的统计差异;ε是用户指定的相似性阈值。

7.2.6 基于深度学习的时空聚类算法

时空数据聚类旨在从包含时间和空间信息的数据集中发现潜在的结构或模式。传统的

聚类算法在处理时空数据时可能面临高维数据、复杂模式等挑战,并且传统的时空聚类方法通常依赖于手工特征提取和固定的假设模型,存在一定的局限性。基于深度学习的时空聚类算法具有优异的特征提取和学习能力,能够通过深度学习模型自动从原始数据中提取复杂的时空特征,从而实现更加高效和精准的聚类分析,成为了解决时空聚类问题的重要工具。基于深度学习的时空聚类算法的核心思想是通过深度神经网络来建模时空数据中的潜在规律,从而进行聚类分析。常见的用于进行时空聚类的深度学习技术包括卷积神经网络、循环神经网络、图神经网络、自编码器(autoencoder)等。这类算法通常首先采用深度神经网络自动提取时空数据中的特征,再通过聚类算法(如 K-means、DBSCAN 等)对这些特征进行聚类。基于深度学习的时空聚类算法虽然在效率和准确性上有显著优势,但在应用时仍需关注时空数据的预处理和表示。

7.3 案例:中国水体污染物排放量空间分异性聚类研究

7.3.1 问题来源

污染排放是导致水体污染的关键因素,其特征受区域经济发展水平和技术实力等影响而呈现多样性。在水环境精细化管理背景下,针对各区域污染排放特征制定防控手段成为共识。然而,盲目套用其他地区的环境管理理念和政策往往导致效果不佳。因此,从国家层面或流域尺度明确污染排放的空间分异性,合理分析不同区域的污染排放特征,对于制定有效的环境管理策略至关重要。聚类分析能够将不同区域的水污染特性进行科学分类,据此深入分析各区域水体污染物排放的差异,为实施针对性的区域水污染靶向治理策略提供有力支撑。

7.3.2 技术方案

由于水污染排放指标较多,可以先利用主成分分析探究主要排放因子,然后采用聚类分析法对中国不同地区、不同行政区的水体污染排放进行空间分异研究,得到不同类别的排放情况。

(1)数据采集:研究数据来源于《中国统计年鉴(2017)》中的 31 个省级行政区的废水污染物排放情况,共选取 12 个指标(化学需氧量、氨氮、总氮、总磷、石油类、挥发酚、铅、汞、镉、总铬、砷和六价铬的排放量)作为研究对象。

(2)主成分分析:对数据进行标准化处理后,开展主成分分析。为了使主成分在各变量上的载荷更加明显,对因子进行方差最大旋转,共提取了 3 个主成分,得到 3 个主成分在各变量上的载荷,主成分 1 在化学需氧量、氨氮、总氮、总磷、总铬、六价铬 6 个变量上载荷较大;主成分 2 在铅、汞、镉、砷 4 个变量上载荷较大,主要是重金属类污染物;主成分 3 在石油类和挥发酚上载荷较大。

(3)聚类分析:应用 SPSS 软件,采用最常用系统聚类法进行分析。将主成分分析中得到的中国大陆 31 个省级地区的 3 个主成分得分作为系统聚类分析的数据,聚类方法采用在实际应用中使用效果较好的离差平方和法,样本间的距离采用欧氏距离。

7.3.3 结果分析

7.3.3.1 2016年中国水体污染物排放聚类分布

通过聚类分析,利用得到中国31个省级行政区的污染排放谱系图(图7-1),从图7-1中可以看出,中国的省级行政区污染排放可以分为4类。

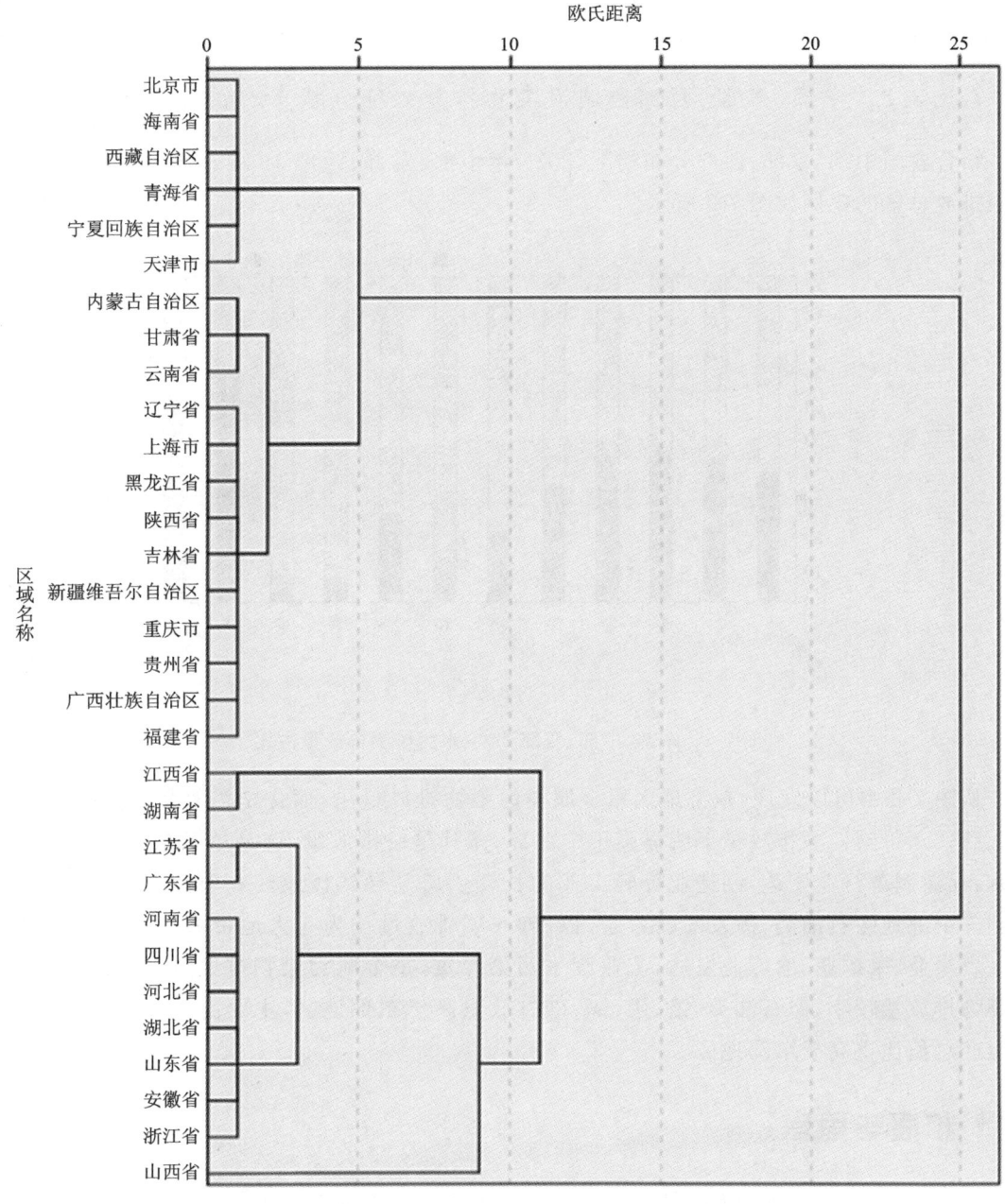

图7-1 中国31个省级行政区系统聚类分类结果谱系图

根据聚类分析结果得到 4 种类型的污染物排放量类型地区分布。第一类地区有 2 个省份,分别是湖南省、江西省,说明这两个地区的化学需氧量、氨氮、总氮、总磷、总铬、六价铬在排放上趋于一致;第二类地区有河北省、江苏省、浙江省、安徽省、山东省、河南省、湖北省、广东省、四川省 9 个省份,说明这 9 个省份在铅、汞、镉、砷的排放上趋于一致;第三类地区只有山西省,说明仅山西省石油类、挥发酚类的排放较多;第四类地区有北京市、天津市、内蒙古自治区、辽宁省、吉林省、黑龙江省、上海市、福建省、广西壮族自治区、海南省、重庆市、贵州省、云南省、西藏自治区、陕西省、甘肃省、青海省、宁夏回族自治区、新疆维吾尔自治区 19 个省(区市),说明这 19 个省(区市)水体污染物的排放相对较少。

7.3.3.2 中部、东部、西部区域污染物排放特征分析

结合我国中部、东部、西部分布情况,2016 年中部、东部、西部 12 项水体污染物排放量占全国排放总量的比例如图 7-2 所示。

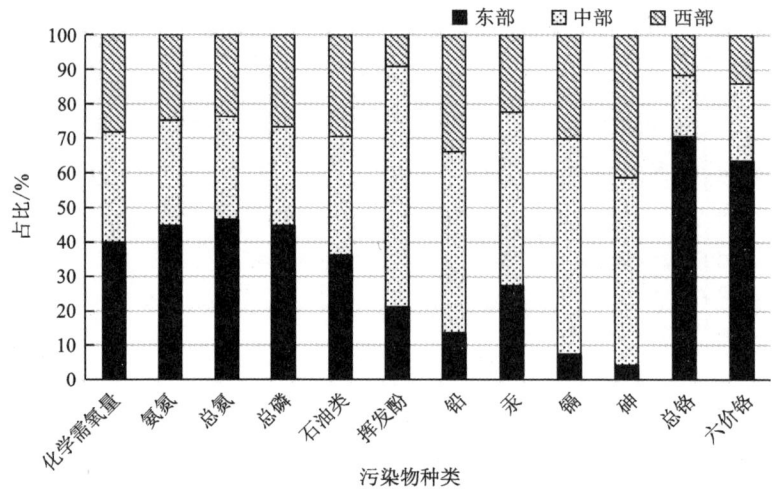

图 7-2 东部、中部、西部 12 项水污染物排放量占比

从图 7-2 中可以发现,东部地区重金属类污染物排放量少,而化学需氧量、氨氮、总氮、总磷、总铬、六价铬 6 项排放量上明显高于中西部,尤其是铬排放量,这是由于东部地区如浙江、山东、福建制革行业发达,制造业等轻工业的长期兴盛是导致该地区 6 项污染物排放的重要原因。中部地区石油类、挥发酚、铅、汞、镉、砷 6 项排放量均为三大地带最高,主要由于中部地区煤炭业、采矿业、冶炼业发达,工业废水污染严重,重金属污染物排放量大。西部地区水污染物排放量较小,但石油类、铅、汞、镉、砷排放量高于东部地区,主要由于其第二产业占地区生产总值比重高于东部地区。

扩展与思考

(1)什么是时空聚类分析?它与传统聚类分析有什么区别?
(2)不同的聚类算法适用于不同类型的数据和问题,如何选择合适的聚类算法?

(3)聚类分析的结果可能受到数据的质量、聚类算法和参数选择等因素的影响。如何评估聚类结果的稳定性和可靠性,并决定其在决策中的可信度?

(4)在实际应用中,时空聚类分析可能面临的挑战是什么?

(5)在时空聚类分析中,如何处理不同维度(时间和空间)之间的权重关系?是否存在某些维度的权重更高,需要更多考虑?

(6)在时空聚类分析中,如何检测和处理异常点或异常聚类?

(7)时空聚类分析中的异常点对时空聚类结果会产生怎样的影响?

(8)时空聚类分析与其他空间数据挖掘技术(如空间关联规则挖掘、空间异常检测等)有何联系和区别?

第 8 章 时空关联分析

时空关联分析是众多学科研究的关键组成部分,其应用范围广泛覆盖了环境科学、城市规划、公共卫生以及社会学等多个领域。本章节聚焦于阐述时空关联分析的基本概念以及空间回归分析、自相关分析和地理探测器等多种主要的关联分析方法的原理;案例部分将展示如何运用地理探测器这一工具,对水污染影响因子进行关联探测分析。

8.1 时空关联分析概念

时空关联分析是应用于研究地理现象时间和空间两个维度之间交互关系的方法,其核心目标是通过数学统计与计算机技术的手段,揭示空间和时间上变量之间的依赖性、协同演化规律以及潜在的因果关系。时间维度反映现象随时间变化的特征,例如趋势、周期性、突变等;空间维度描述现象在地理空间上的分布模式,如空间自相关、空间聚集或扩散。在地理空间中,某些现象或变量(如气温、降水量、人口密度等)通常呈现出空间依赖性,即它们的分布在空间上并非随机,而受到邻近区域的影响。时空关联分析结合了时间和空间两个维度的数据,能够发现数据中不明显的时间和空间依赖关系,从而解释造成某种现象的原因,找到主要驱动因子;也可以揭示数据中的隐藏模式,如周期性变化、趋势发展等,从而预测未来在特定时间和地点可能发生的事件。

8.2 时空关联分析方法

8.2.1 空间回归模型

8.2.1.1 空间自回归模型

空间自回归模型(spatial autoregressive model)被广泛应用于空间统计分析,模型旨在通过考虑空间相关性来改善传统回归模型的性能。空间自回归模型的核心在于引入了空间效应,通过空间权重矩阵 W 和空间滞后项 Wy,捕捉地理单元之间的相互依赖,同时考虑了空间外溢效应,除了自变量的直接效应外,空间自回归模型还能够识别和量化邻近区域对目标区域的间接影响。其基本假设是,地理上相邻或邻近的区域的值可能会相互影响,观测值之间的相关性不仅取决于传统的时间或其他因素,还受到空间位置的影响。假设源于著名的地理学第一定律——万物关联,但邻近的事物关联更密切,该观点深刻地体现了空间自相关的内涵,对空间自相关概念的理解和应用有着深远影响。因此该模型用于分析地理空间数据中因变量和自变量之间的关系具有一定的优势,能有效捕捉空间效应。

空间自回归模型的形式可表示为

$$y = \rho W y + X\beta + \in \tag{8-1}$$

式中:y 表示因变量向量,大小为 $n \times 1$,n 通常表示观测数据的空间单元数量,也可以理解为样本数;W 为空间权重矩阵,大小为 $n \times n$,定义了空间邻接关系,由空间邻接或距离构建,常见的构造方法包括邻接矩阵(0-1 矩阵,表示是否相邻)、距离倒数矩阵(距离越近权重越大)、k 近邻矩阵(与最近的 k 个点建立联系)等;Wy 表示因变量的空间滞后,即周边区域因变量值的加权均值;参数 ρ 是空间自回归系数,用于衡量空间滞后因变量对目标区域的影响强度;当 ρ 大于 0 时,意味着存在正向的空间自相关,表明相邻区域的值具有相似性,相反,若 ρ 小于 0,则反映出负向的空间自相关,意味着相邻区域的值呈现相反趋势;X 为自变量矩阵(大小为 $n \times k$),k 为变量个数;β 为自变量的回归系数向量(大小为 $k \times 1$);$\in$ 为误差项。

此外,空间自回归模型是一个基础框架,能够结合其他空间模型(如空间误差模型)进行复杂扩展。空间自回归模型能够有效捕捉和量化空间效应,提高模型解释力,适用于具有空间依赖性的数据,避免遗漏变量问题。但空间权重矩阵的选择具有主观性,可能影响结果,并且模型的估计和验证较为复杂,尤其在大规模数据场景下。

8.2.1.2 空间误差模型

空间误差模型(spatial error model,SEM)主要用于探讨因变量中潜在的空间相关性源自误差项的情形。1988 年,Luc Anselin 提出了一个具有空间相关性干扰项的空间误差面板回归模型,为后续相关研究提供了理论基础。SEM 模型认为因变量之间的空间关联并非直接经由显性变量体现,而是隐含在误差项里,这通常由于模型中遗漏具有空间依赖。SEM 模型的形式可表示为

$$y = X\beta + \in \tag{8-2}$$

$$\in = \lambda W \in + \mu \tag{8-3}$$

式中:y 表示因变量向量,大小为 $n \times 1$,n 表示观测数据的样本数;X 为自变量矩阵(大小为 $n \times k$),k 为变量个数;β 为回归系数向量(大小为 $k \times 1$),表示自变量对因变量的直接效应,不受空间误差的影响;$\in$ 为误差项(大小为 $n \times 1$),存在空间依赖性;W 为空间权重矩阵,大小为 $n \times n$,表示空间单元之间的邻接关系;λ 为空间误差系数,表示误差项的空间自相关强度,若 $\lambda > 0$,表示误差项在邻近区域中表现为正相关,$\lambda < 0$,表示误差项在邻近区域中表现为负相关,$\lambda = 0$,表示无空间相关性;μ 为独立且同分布的随机误差。

与空间自回归模型不同,SEM 模型关注遗漏变量导致的空间相关性,偏重自变量效应分析,更适合分析显性自变量对因变量的直接效应,而将空间依赖性限制在误差项中;空间自回归模型关注因变量之间的相互影响,偏重空间传播效应分析。

8.2.2 空间自相关

空间自相关是 Moran 等在 1950 年提出的一种空间分析方法，用于检测空间某点的观测值是否与其相邻点的值存在相关性，即为区域化变量的基本属性之一，其统计量是检测研究区域内变量的分布是否具有空间依赖性、空间异质性、空间结构性。Getis 和 Ord 的研究对空间自相关理论进行了进一步扩展，他们提出了"Getis-Ord G"统计量，主要用于评估空间自相关的局部性，并且与 Moran's I 在不同情境下的应用有所不同。该方法已经被广泛应用于多个研究领域，如数字图像处理、流行病学调查、生物学、区域经济、生态学、社会学领域的空间规律分析。国内的相关研究主要集中在生态学、生物学、土壤学、流行病学等领域。

计算空间自相关的方法有许多种，一般在功能上可大致分为两类：全局空间自相关（global spatial autocorrelation）和局部空间自相关（local spatial autocorrelation）两种。全局空间自相关是对属性值在整个区域空间特征的描述，能够反映空间邻域单元属性值的相似程度，侧重对空间数据中某一属性在整个区域中的分布状态以及趋势进行分析，并以莫兰指数（Moran's I）来表征，该指数可以全面测度空间变量的整体分布情况，判断区域空间要素属性值聚合或离散的程度。

全局莫兰指数，计算公式如下：

$$I = \frac{N}{W} \frac{\sum_{i=1}^{N}\sum_{j=1}^{N} w_{ij}(x_i - \bar{x})(x_j - \bar{x})}{\sum_{i=1}^{N}(x_i - \bar{x})^2} \tag{8-4}$$

式中：N 为空间单元总个数；x_i 和 x_j 分别表示第 i、j 空间单元的属性值；$\bar{x}$ 为所有空间单元属性值的均值；w_{ij} 为空间权重值，$W = \sum_{i=1}^{n}\sum_{j=1}^{n} w_{ij}$。

此外，I 的取值范围为 $[-1, 1]$，具体取值范围所代表含义如表 8-1 所示。

表 8-1 莫兰指数 I 的取值范围建议

I 的范围	含义
$I > 0$	越接近 1 表示单元间关系越紧密，性质越相似
$I = 0$	表示单元间随机分布，无空间相关性
$I < 0$	越接近 -1 表示单元间差异大或分布越不集中

对于莫兰指数，可以用标准化统计量 Z 来检验空间自相关的显著水平，Z 的计算公式为

$$Z = \frac{I - E(I)}{\sqrt{\text{Var}(I)}} \tag{8-5}$$

式中：$\text{Var}(I)$ 是莫兰指数的理论方差；$E(I) = -1/(n-1)$ 为其理论期望。

局部空间自相关则用于进一步度量每个地域单元与其邻近空间单元的属性特征值之间的相似性和相关性，能以图形的形式直观地展现研究区耕地质量的空间集聚状况。全局莫兰指数是一种总体测度指标，虽然能够说明所有区域与周边地区之间的空间差异平均程度并揭

示事物在总体上的依赖性,但却忽略了空间异质性使得空间范围内可能潜在的局部不平衡现象,全局空间自相关无法反映这种局部区域的空间异质性和不稳定性。因此,为了探索空间分布的局部特征差异,使用局部空间自相关分析。

局部莫兰指数计算公式为

$$I_i = (x_i - \bar{x}) \frac{\sum_{j=1}^{n} w_{ij}(x_j - \bar{x})}{\frac{1}{n}\sum_{j=1}^{n}(x_i - \bar{x})^2} \tag{8-6}$$

式中:x_i 和 x_j 分别表示第 i、j 空间单元的属性值;w_{ij} 为空间权重值;I_i 为正值表示该空间单元与邻近单元的属性值近似,为负值表示该空间单元与邻近单元的属性值迥异。同时,在随机分布假设下,局部莫兰指数是以数值标准化形式来检验其显著性水平。

8.2.3 时间自相关

时间自相关指在时间序列数据中,某个变量值在不同时间点上的相关性。它描述了当前时间点的值与过去时间点的值之间的统计关系,它也是一种依赖于时间滞后的统计相关性,是时间序列分析中的重要特征。时间自相关分析有助于识别时间序列中的周期性模式和动态变化。如果时间序列的值随着时间推移表现出规律性或依赖性,那么时间序列可能存在正或负的时间自相关。正时间自相关表示当前值倾向于与过去的值同向变化,而负时间自相关则是当前值倾向于与过去的值反向变化。

时间自相关主要通过对变量值与其滞后值之间的联系进行分析,其主要的评估指标是自相关函数(autocorrection function,ACF)和偏自相关函数(partial autocorrection function,PACF)。自相关函数用于量化一个变量在不同滞后时间点上与其未来值的相关性,从而帮助我们了解在特定时间点的观测值与后续观测值之间的相关强度。假设时间序列为 $\{x_t\}$,根据自相关函数时间序列中当前值 x_t 在不同滞后 k 时的未来值 x_{t+k} 的相关性可表示为

$$\rho_k = \frac{\sum_{t=1}^{n-k}(x_t - \bar{x})(x_{t+k} - \bar{x})}{\sum_{t=1}^{n}(x_t - \bar{x})^2} \tag{8-7}$$

式中:ρ_k 表示滞后 k 的自相关系数;x_t 和 x_{t+k} 分别表示时间序列在时间 t 的值和滞后 k 后的值;$\bar{x}$ 表示时间序列的均值;n 为时间序列的总长度。

偏自相关函数衡量一个变量与该变量在给定滞后时间点上的相关性,同时消除了中间滞后时间点的影响,用于衡量时间序列中当前值 x_t 与滞后值 x_{t+k} 之间的直接相关性,排除中间滞后值 $x_{t+1},x_{t+2},\cdots,x_{t+(k-1)}$ 的影响。偏自相关函数衡量自相关的计算方法包括基于回归的计算和递归计算。通过多元线性回归模型计算的回归模型为

$$x_t = \varphi_1 x_{t+1} + \varphi_2 x_{t+2} + \cdots + \varphi_k x_{t+k} + \in_t \tag{8-8}$$

式中:φ_k 表示滞后未来值 x_{t+k} 的偏自相关系数;$\in_t$ 表示回归残差。

在递归的计算方法中,滞后 1 的偏自相关系数为

$$\varphi_1 = \rho_1 \tag{8-9}$$

滞后 2 的偏自相关系数为

$$\varphi_2 = \frac{\rho_2 - \varphi_1 \cdot \rho_1}{1 - \varphi_1^2} \tag{8-10}$$

滞后 k 的偏自相关系数为

$$\varphi_k = \frac{\rho_k - \sum_{j=1}^{k-1} \varphi_{j(k-1)} \cdot \rho_{k-j}}{1 - \sum_{j=1}^{k-1} \varphi_{j(k-1)} \cdot \rho_j} \tag{8-11}$$

式中:ρ_k 表示滞后 k 的自相关系数,$\varphi_{j(k-1)}$ 表示滞后$(k-1)$时的偏自相关系数。

8.2.4 地理探测器

地理探测器(geodetector)是一种检验地理事物或地理现象空间分异性并揭示其背后驱动力的统计学方法,即通过地理探测找到影响空间分异特征的主要关联因子。地理探测器中包括因子探测器、交互作用探测器、风险探测器和生态探测器等内容。

8.2.4.1 分异及因子探测

因子探测是探测 Y 的空间分异性以及不同因子 X 对因变量 Y 的解释力,用 q 值度量,表达式为

$$q = 1 - \frac{\sum_{h=1}^{L} N_h \sigma_h^2}{N \sigma^2} \tag{8-12}$$

式中:$h=1,\cdots,L$ 为变量 Y 或因子 X 的分区;N 和 N_h 分别为全区和第 h 层的单元数;σ^2 和 σ_h^2 分别为全区和第 h 层 Y 值的方差;q 的值域为$[0,1]$,q 值越大表示影响因子 X 的影响程度越大。

8.2.4.2 交互作用探测

交互探测是探测影响因子 X_1 和 X_2 的共同作用是否会增加或减弱对因变量 Y 的影响力或这些因子对 Y 的影响是相互独立的。评估的方法是首先分别计算两种因子 X_1 和 X_2 对 Y 的 q 值:$q(X_1)$和 $q(X_2)$,再计算它们交互时的 q 值:$q(X_1 \cap X_2)$,最后对 $q(X_1)$、$q(X_2)$和 $q(X_1 \cap X_2)$间的大小关系进行比较,得出两因子间的关系。

8.2.4.3 风险探测

风险探测是用于判断两个子区域间的属性均值是否有显著差异,用 t 统计量来检验:

$$t_{\overline{y}_{h=1} - \overline{y}_{h=2}} = \frac{\overline{Y}_{h=1} - \overline{Y}_{h=2}}{\left[\frac{\mathrm{Var}(\overline{Y}_{h=1})}{n_{h=1}} + \frac{\mathrm{Var}(\overline{Y}_{h=2})}{n_{h=2}}\right]^{1/2}} \tag{8-13}$$

式中:$\overline{Y}_h$ 表示子区域 h 内的属性均值;n_h 为子区域 h 内样本数量;Var 表示方差。零假设

$H_0: \bar{Y}_{h=1} = \bar{Y}_{h=2}$,如果在置信水平 α 下拒绝 H_0,则认为两个子区域间的属性均值存在着明显的差异。

8.2.4.4 生态探测

生态探测用于比较两因子 X_1 和 X_2 对因变量 Y 的空间分布是否有显著差异,用 F 统计量来衡量:

$$F = \frac{N_{X1}(N_{X2}-1)\sigma_{X1}^2}{N_{X2}(N_{X1}-1)\sigma_{X2}^2} \tag{8-14}$$

式中:N_{X1} 及 N_{X2} 分别表示两个因子 X_1 和 X_2 的样本量;σ_{X1}^2 和 σ_{X2}^2 表示由 X_1 和 X_2 形成的分层的层内方差之和。零假设 $H_0: \sigma_{X1}^2 = \sigma_{X2}^2$,如果在置信水平 α 下拒绝 H_0,则表明两因子 X_1 和 X_2 对属性 Y 的空间分布的影响存在显著的差异。

8.3 案例:基于地理探测器的流域水污染影响因素解析

8.3.1 问题来源

准确掌握流域内水污染的空间分布特征,并对其进行深入的定量解析,以明确各类影响因子的作用机制,是水污染治理工作中不可或缺的环节,对制定科学合理的治理策略、保障水资源安全、维护生态平衡以及推动可持续发展等方面都具有极其深远的意义。滏阳河流域,作为邯郸市的核心区域,其地理位置至关重要,不仅是该市社会经济活动与工业化进程中的关键纽带,还是当地居民生活用水与农业灌溉的重要水源。近年来,伴随着该区域社会经济和工业化的迅猛推进,污水排放量也随之大幅度上升,不仅影响了河流本身,还对下游地区乃至整个生态系统构成了潜在威胁。因此,探究该区域不同时间、不同空间上水污染的影响因子和作用机制,有助于精准识别污染的主要问题,为制定针对性的治理措施提供依据。

8.3.2 技术方案

本案例基于水质综合污染指数与描述性统计方法分析滏阳河流域的水污染状况,进而确定流域重点污染区域,然后使用地理探测器配套软件 GeoDetector(该软件可从本书配套资源途径获取)定量分析影响滏阳河流域水污染空间分布的影响因子。

数据来源:高程数据来自地理空间数据云(https://www.gscloud.cn/);平均降水量数据来自中国气象数据网(http://data.cma.cn);其余影响因子数据来自石家庄市、邯郸市、衡水市、邢台市 2016 年统计年鉴与环统数据。

因子选取:滏阳河流域的水污染状况深受地区经济发展与人类活动的影响,因此,在探究其成因时,需综合考虑多个关键因子。①社会经济方面,选取人口密度、城镇化率以及地区生产总值;②工业方面,选取工业企业数和工业废水排放量;③农业方面,选取耕地面积、农药使用量以及化肥使用量;④水污染治理方面,选取环境治理投资和污水处理厂数;⑤自然因素方面,选取降水量和高程。

8.3.3 结果分析

8.3.3.1 水污染空间分布影响程度分析

因子探测衡量影响因子对水污染空间分布的影响程度，q 值越大，说明该因子对水污染空间分布的影响程度越大。探测结果如图 8-1 所示，其影响程度大小依次为环境治理投资 (0.964) ＞工业企业数 (0.946) ＞工业废水排放量 (0.938) ＞化肥使用量 (0.615) ＞高程 (0.606) ＞降水量 (0.597) ＞污水处理厂数 (0.483) ＞城镇化率 (0.39) ＞人口密度 (0.376) ＞耕地面积 (0.349) ＞农药使用量 (0.281)。环境治理投资、工业企业数、工业废水排放量、化肥使用量、高程、降水量对水污染空间分布影响较大 (q 值大于 0.5)，其中环境治理投资、工业废水排放量、工业企业数对水污染空间分布解释力高达 0.9 以上，且均通过显著性检验。

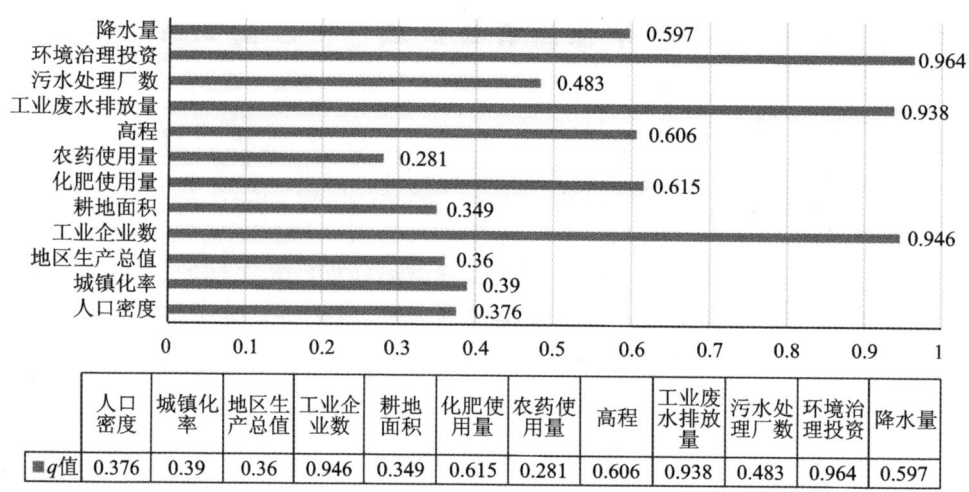

图 8-1 水污染空间分布影响因子 q 值

8.3.3.2 因子交互后对水污染空间分布的影响

交互探测衡量各因子交互后对水污染空间分布的影响。交互探测结果如图 8-2 所示。

由交互探测结果可见，任何两种因子对水污染空间分布的交互作用均大于单因子的独立影响，说明影响流域水污染的空间分布并不是单一因子起作用，而是不同因子相互作用共同影响，反映出流域水污染的驱动因素具有复杂性特征。

8.3.3.3 不同分区的水污染影响因子分析

风险探测衡量各影响因子内部不同子区域间是否存在显著差异。通过风险探测器分析，得到了 12 个影响因子的所有子区域的水质综合污染指数的平均值，并获得了各子区域间影响差异的显著性。分别将 12 个影响因子按数值从小到大分为多个子区间，每个子区域内均有相应的水质综合污染指数平均值，结果如图 8-3 所示。

第 8 章 时空关联分析

交互因子	人口密度	城镇化率	地区生产总值	工业企业数	耕地面积	化肥使用量	农药使用量	高程	工业废水排放量	污水处理厂数	环境治理投资	降水量
人口密度	0.376											
城镇化率	0.981	0.39										
地区生产总值	0.982	0.493	0.36									
工业企业数	0.982	0.982	0.994	0.946								
耕地面积	0.978	0.953	0.999	0.963	0.349							
化肥使用量	0.996	0.977	0.999	0.997	0.654	0.615						
农药使用量	0.981	0.981	0.972	0.982	0.443	0.673	0.281					
高程	0.999	0.977	0.999	0.981	0.649	0.654	0.677	0.606				
工业废水排放量	0.978	0.976	0.977	0.973	0.977	0.976	0.977	0.977	0.938			
污水处理厂数	0.974	0.999	0.96	0.969	0.981	0.999	0.561	0.98	0.952	0.483		
环境治理投资	0.992	0.97	0.997	0.996	0.971	0.973	0.996	0.977	0.976	0.998	0.964	
降水量	0.995	0.977	0.999	0.969	0.644	0.654	0.677	0.642	0.966	0.969	0.976	0.597

图 8-2 因子交互对水污染空间分布的影响

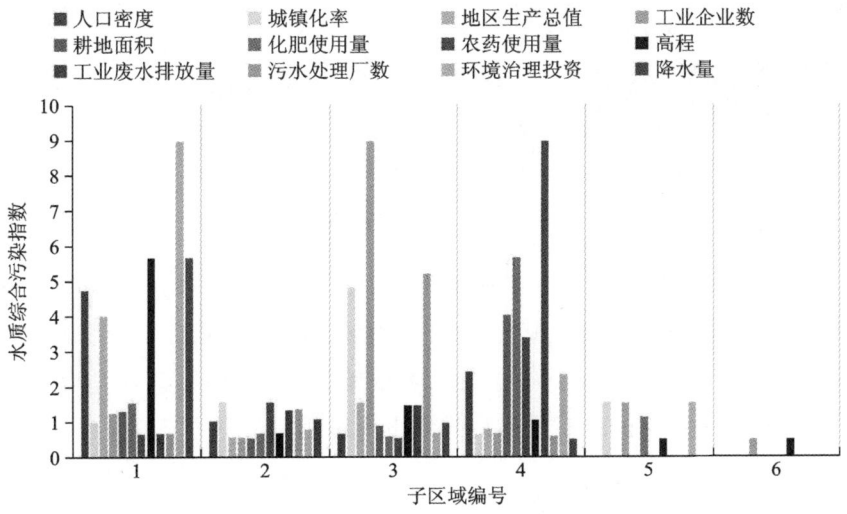

图 8-3 各分区影响因子的水质综合污染指数变化

从图 8-3 中可以看出，工业废水排放量的主要影响区域为 4 区，这是因为该地区以冶金、化工、纺织、造纸等工业项目为主，会产生大量工业废水，同时污水处理效率较低，因此导致流域水污染；环境治理投资的主要影响区域为 1 区，表明环境治理投资较少的区域，水质综合污染指数大,即水质污染严重;化肥使用量、农药使用量的主要影响区域均为4区,即宁晋县、冀州区、永年区等,该地区海拔较低,耕地面积较多,是滏阳河流域重要的粮食生产基地,农药、化肥的使用一方面提高了粮食产量,另一方面也成为流域水污染的潜在因素。

8.3.3.4 不同因子对水污染空间分布影响的显著性差异分析

生态探测衡量两个因子对水污染空间分布的影响是否有显著性差异,采用显著性水平为0.05的检验,若显著,则记为"Y";若不显著,则记为"N"。生态探测结果如图8-4所示。

	人口密度	城镇化率	地区生产总值	工业企业数	耕地面积	化肥使用量	农药使用量	高程	工业废水排放量	污水处理厂数	环境治理投资
城镇化率	N										
地区生产总值	N	N									
工业企业数	Y	Y	Y								
耕地面积	N	N	N	Y							
化肥使用量	N	N	N	Y	N						
农药使用量	N	N	N	Y	N	N					
高程	N	N	N	Y	N	N	N				
工业废水排放量	Y	Y	Y	N	Y	Y	Y	Y			
污水处理厂数	N	N	N	Y	N	N	N	N	Y		
环境治理投资	Y	Y	Y	N	Y	Y	Y	Y	N	Y	
降水量	N	N	N	Y	N	N	N	N	Y	N	Y

图8-4 不同因子对水污染影响的显著性差异

从图8-4中可以看出,以工业废水排放量因子为例,工业废水排放量与人口密度、城镇化率、地区生产总值、耕地面积、化肥使用量、农药使用量、高程、污水处理厂数、降水量等影响因子均存在显著性差异,而与其他因子不存在显著性差异,说明相比其他9个因子,工业企业数、环境治理投资对水污染空间分布异质性具有重要影响。

扩展与思考

(1)在地理社交网络中,用户的活动地点和时间往往存在时空关联。请分析如何通过时空关联分析挖掘用户在不同时间段内频繁访问的地点模式,并探讨其在城市规划和商业选址中的应用。

(2) 在时空数据分析中,常见的自相关分析方法有哪些?请介绍两种典型方法的基本原理和适用场景。

(3) 空间自相关分析如何定义邻接关系?不同权重矩阵(如 Queen 邻接、K 近邻)对分析结果有何影响?

(4) 空间滞后模型与空间误差模型的核心区别是什么?如何选择合适的模型?

(5) 什么是滞后效应(lag effect)?它如何影响时间自相关的分析?

(6) 常用的地理社交网络分析方法有哪些?地理社交网络分析中,如何构建和分析异质网络(如用户-地点网络、用户-事件网络)?

(7) 请结合时空关联分析方法,研究旅游热点区域在不同季节和时间段的游客分布特征。如何利用时空关联分析优化旅游景点的资源分配和游客引导策略?

(8) 试论述某种疾病的传播是否存在空间依赖?如何通过空间自回归分析确定关键的环境或社会因素?

第 9 章 时空趋势分析

时空趋势分析作为一种至关重要的工具，旨在揭示时空分布规律并预测时空趋势，它在气象预报、环境监测、灾害预警等多个预测领域发挥着举足轻重的作用。本章节将深入介绍时空趋势分析的基础概念及其一系列核心方法，这些方法涵盖了移动平均法、回归分析法、时间序列分析以及空间插值分析等。在案例解析环节，将介绍一种经过改良的 LSTM 模型在降雨预测中的应用实例，通过对比不同模型的时空预测效果，直观展现 LSTM 模型在提升预测准确性和捕捉时空特征方面的优势。

9.1 时空趋势分析概念

时空趋势分析是一种综合利用空间和时间数据来研究地理现象变化和趋势的分析方法，它旨在通过对地理现象的空间分布和时间变化进行综合分析，提取有关地理现象演变规律和未来发展趋势的信息，以揭示地理现象在空间和时间上的变化模式、趋势以及相关性。时空趋势分析的核心理念在于将时间和空间视为理解地理现象不可或缺的两个关键维度。通过综合运用 GIS、统计学等技术手段，对地理现象的演变过程进行综合分析，可以揭示出数据中存在的潜在趋势和模式，进而解释地理现象的变化机制、预测未来发展趋势，并为政策制定、规划管理、环境保护等领域提供科学依据和决策支持。

9.2 时空趋势分析方法

9.2.1 时空趋势方法类别

时空趋势分析涉及多种方法和技术，其中一些常见的方法的特征和应用范围如表 9-1 所示。

本书将对其中应用较为广泛的方法进行介绍。人工智能方法在第 6 章时空分类分析中进行介绍，物理模型方法在第 10 章进行讲解，本章将不再进行赘述。

表 9-1 常见时空趋势分析方法的特点和应用范围

方法名称	特点	应用范围
统计描述	通过统计指标概括数据特征,揭示数据分布规律	适用于各类数据的初步分析,了解数据基本情况
移动平均法	基于过去数据的平均值预测未来值	适应于时序数据的趋势分析
回归分析	建立因变量与自变量之间的数学关系模型进行预测	广泛应用于经济、社会、环境等领域的预测分析
时间序列分析	根据时间序列数据的历史变化规律预测未来趋势	适用于具有时间连续性的数据预测,如股价、气温等
空间插值预测	利用已知点数据预测未知点数据,揭示空间连续变化	适用于地理信息系统、环境监测等领域的空间预测
趋势面分析	通过拟合数学曲面揭示数据在空间上的整体变化趋势	应用于地质、气象等领域的空间趋势分析
人工智能方法	利用机器学习和深度学习,可以从数据驱动的角度对时空依赖性进行建模,具有良好的预测性能	广泛应用于各个领域,尤其在处理复杂非线性和非高斯问题时表现优异
物理模型方法	构建具有物理机理的模型开展未来变化的预测,可以合理地解释预测结果	适用于需要解释物理机制的预测场景,如地震预测、气候模拟等,精度高但所需要的边界条件数据多

9.2.2 移动平均法

移动平均法又称滑动平均法、滑动平均模型法,是用一组最近的实际数据值来预测未来数据的方法。移动平均(moving average,MA)模型主要分为简单移动平均(simple moving average,SMA)和加权移动平均(weighted moving average,WMA)两种类型。

简单移动平均:对过去某一固定时间窗口内的数据点进行算术平均,以平滑数据并捕捉长期趋势,计算方法为

$$\text{SMA} = (X_{t-1} + X_{t-2} + \cdots + X_t)/t \tag{9-1}$$

加权移动平均:给固定跨越期限内的每个变量值以不同的权重,通常给予近期数据更大的权重,计算方法为

$$\text{WMA} = \alpha_1 X_{t-1} + \alpha_2 X_{t-2} + \cdots + \alpha_t X_t \tag{9-2}$$

式中:α 为权重(需保证:$\alpha_1 + \alpha_2 \cdots + \alpha_t = 1$);$t$ 为时间窗口的大小;X_t 为 t 时刻的历史值。

9.2.3 回归分析

回归分析是一种通过建立数学模型来描述自变量与因变量之间关系的统计方法。这些

模型通常基于历史数据来训练,并用于预测新的、未知的数据点。回归预测的基本原理是寻找一个最佳的函数或模型,使得预测值与实际值之间的差异(即误差)最小。回归预测有多种类型,主要包括以下几种类型。

线性回归:假设自变量与因变量之间存在线性关系,即模型的形式为 $y=ax+b$(其中 a 为斜率,b 为截距)。线性回归是最简单且最常用的回归类型。

多项式回归:当自变量与因变量之间的关系不是简单的线性关系时,可以使用多项式回归。多项式回归允许模型包含自变量的更高次幂,从而能够捕捉更复杂的非线性关系。

逻辑回归:虽然名字中包含"回归",但逻辑回归实际上是一种分类方法。它主要用于二分类问题,通过 Sigmoid 函数将线性回归的输出映射到(0,1)区间内,从而得到属于某个类别的概率。

岭回归和套索回归:这两种回归方法都是线性回归的变体,用于处理高维数据和多重共线性问题。它们通过引入正则化项来限制模型的复杂度,从而避免过拟合。

非线性回归:除了上述提到的多项式回归外,还有其他形式的非线性回归,如指数回归、对数回归等。这些回归方法允许模型具有更复杂的形式,以捕捉自变量与因变量之间的非线性关系。

9.2.4 时间序列分析模型

从统计意义上讲,所谓时间序列就是将某一个指标在不同时间上的不同数值,按照时间的先后顺序排列而成的数列。这种数列由于受到各种偶然因素的影响,往往表现出某种随机性,彼此之间存在着统计上的依赖关系。

从数学意义上讲,由一系列随机变量构成的序列 $x_1, x_2, \cdots, x_n$ 称为随机序列,可用$\{x_t, t=1,2,\cdots,N\}$来表示,也可以定义为在多维(N 维)随机空间中的一个随机向量 X,而它的分量就是 x_i。如果某随机序列是按时间来排序的,即 x_i 中的下标是时间 t 的整数变量,它代表等间隔的增量,如第 t 时刻、第 t 天或第 t 次等,将这类随机序列称为时间序列,并用$\{x_t, t=1,2,\cdots,N\}$来表示,这里的 t 就是指某时刻或某次。通常在时间序列的时间变量中 t 可以是正,可以是负,因为它们都是相对于统计的当前时刻为基准,在当前时刻之前产生的序列可以认为时间变量 t 为负值,通常称为过去值,而在当前时刻之后产生的序列,则可以认为时间变量 t 为正值,可以称为未来值。但无论 t 是正值,还是负值,它必须是整数,其单位应视实际需要而定。实际上,时间序列也可以指按其他物理量顺序排列的随机数据。

时间序列分析模型通过利用时间序列数据的内在规律和模式,建立数学模型来描述和预测未来的数据点。这些模型通常考虑了数据的自相关性、趋势性、季节性等因素。典型的时间序列分析模型有 AR、MA、ARMA、ARIMA、SARIMA、VAR、GARCH、Prophet 等。

9.2.4.1 自回归 AR(auto regression)模型

自回归模型描述当前值与历史值之间的关系,用变量自身的历史时间数据对自身进行预测。一般的 P 阶自回归模型 AR:

$$X_t = c + \varphi_1 X_{t-1} + \varphi_2 X_{t-2} + \cdots + \varphi_p X_{t-p} + u_t \tag{9-3}$$

式中：X_t 是时间序列在时间 t 的值；c 是常数项；φ_p 是模型参数；p 是模型的阶数，表示当前值依赖于之前 p 个值；u_t 是在时间 t 的随机误差项，通常假设为白噪声，即均值为 0，方差为常数的正态分布。

如果随机扰动项是一个白噪声（$u_t = \varepsilon_t$），则称为一个纯 AR(p) 过程，记为

$$X_t = c + \varphi_1 X_{t-1} + \varphi_2 X_{t-2} + \cdots + \varphi_p X_{t-p} + \varepsilon_t \tag{9-4}$$

自回归模型首先需要确定一个阶数 p，表示用几期的历史值来预测当前值。

自回归模型有很多的限制，要求用自身的数据进行预测、时间序列数据必须具有平稳性，只适用于预测与自身前期相关的现象。

9.2.4.2 MA 模型

MA 模型假设当前值与之前的一系列随机误差项有关，即当前值可以表示为之前随机误差项的线性组合加上一个随机误差项。MA 模型的一般形式为

$$X_t = \mu + \epsilon_t + \theta_1 \epsilon_{t-1} + \theta_2 \epsilon_{t-2} + \cdots + \theta_q \epsilon_{t-q} \tag{9-5}$$

式中：X_t 为时间序列在时间 t 的值；μ 为时间序列的均值或期望值；ϵ_t 为在时间 t 的随机误差项，通常假设为白噪声，即均值为 0、方差为常数的正态分布；θ 为模型参数；q 为模型的阶数，表示当前值依赖于之前 q 个随机误差项。

MA 模型的参数可以通过最小化误差项的平方和来估计，即通过最小二乘法来估计。在实际应用中，MA 模型可以用于预测未来的值、分析时间序列的性质以及与其他模型（如 AR 模型或 ARMA 模型）结合使用，以更好地描述和预测时间序列数据。

MA 模型的阶数 q 的选择是一个重要的问题，通常可以通过信息准则（如 AIC 或 BIC）来确定。这些准则在模型的拟合优度和复杂度之间进行权衡，以选择最佳的模型阶数。

9.2.4.3 自回归移动平均模型（ARMA）

将 AR(p) 与 MA(q) 结合，得到一个一般的自回归移动平均模型 ARMA(p,q)，公式为

$$X_t = c + \varphi_1 X_{t-1} + \varphi_2 X_{t-2} + \cdots + \varphi_p X_{t-p} + \varepsilon_t + \theta_1 \varepsilon_{t-1} + \cdots + \theta_q \varepsilon_{t-q} \tag{9-6}$$

式中：c 是常数项；p 是自回归部分的阶数，表示当前值依赖于过去 p 个值；q 是移动平均部分的阶数，表示当前值依赖于过去 q 个误差项；X_t 是时间序列在时间 t 的值；φ_i 是自回归系数；θ_j 是移动平均系数；ε_t 是白噪声在 t 时间点的误差项。

该式表明：一个随机时间序列可以通过一个自回归移动平均模型来表示，即该序列可以由其自身的过去或滞后值以及随机扰动项来解释；如果该序列是平稳的，即它的行为并不会随着时间的推移而变化，可以通过该序列过去的行为来预测未来。

9.2.4.4 自回归差分移动平均模型（ARIMA）

ARMA 模型公式的基础是正在处理的时间序列是平稳的，如果时间序列是非平稳的，则可以进行差分处理，即通过自回归模型（AR）、差分过程（I）和移动平均模型（MA）组成 ARIMA(p、d、q)，数学式为

$$\left(1-\sum_{i=1}^{p}\varphi_{i}L^{i}\right)(1-L)^{d}X_{t}=\left(1-\sum_{i=1}^{q}\theta_{i}L^{i}\right)\varepsilon_{t} \quad (9\text{-}7)$$

式中：p 为自回归阶数；d 为使之成为平稳序列所做的差分次数（阶数）；q 为滑动平均阶数。

9.2.5 空间插值分析

空间插值基于一组已知位置点的数据，通过建立空间数据点间的某种数学关系，推断出区域范围内任意位置的属性值。其重要性体现在能够帮助建立连续的表面，进而对地理现象进行更深入的分析和理解。

空间插值分析算法按插值的区域范围分类，可以分为整体插值、局部插值、边界内插法等；按照插值的标准分为确定性方法、地统计学方法和几何方法。常见的插值方法及其特征如表 9-2 所示。

表 9-2 不同插值方法特征与应用

插值方法	分类	特征	应用
克里金插值（Kriging）	地统计学方法	考虑空间自相关性；提供插值结果的置信区间；计算复杂，参数选择复杂	土壤属性分布；污染物浓度分布
三角网插值（TIN）	几何方法	适用于不规则分布的数据点；在每个三角形内进行线性插值	地形数据（如高程）
反距离加权（IDW）	确定性方法	简单易懂，计算速度快；适用于数据分布均匀的情况；对距离权重指数敏感	地形高程数据插值；气象数据（如温度、降水量）
样条插值（spline）	确定性方法	插值结果平滑；适用于连续变化的现象（如地形、气象）；对边界效应敏感	地形高程拟合；气象要素（如气温）
最近邻插值（nearest neighbor）	确定性方法	简单，计算速度快；适用于分类数据	土地利用分类；植被类型分布
趋势面插值（trend surface）	确定性方法	通过多项式拟合生成平滑表面；适用于大范围趋势分析	地形趋势分析；大气污染趋势
自然邻域法（natural neighbor）	确定性方法	局部性，仅使用邻近样本点；生成的表面平滑且通过样本点	大范围、高密度的点数据集；地形数据

9.2.5.1 反距离权重插值（IDW）

反距离权重插值法最初由 Shepard 提出，后来经过持续不断的改进发展。它最重要的一个假设就是观测点对插值点都会有局部影响，任意一个观测点的值对插值点值的影响是随着距离的不断增加而不断减弱的。

在估计插值点的值时，假设距离估计插值点最近的 N 个观测点对该插值点有影响，则这 N 个观测点对插值点的影响与它们之间的距离成反比关系。因此更接近插值点的观测点将被赋予的权重更大，而且权重的和为 1。IDW 的数学表达式：

$$\hat{Z}_0 = \sum_{i=0}^{n}(Z_i Q_i) \tag{9-8}$$

式中:$\hat{Z}_0$ 是点 (x_0,y_0) 处的估计值;Q_i 是估计插值点与观测点对应的权重系数;n 表示插值点的个数。

权重系数 Q_i 的计算是反距离权重加权算法的关键:

$$Q_i = \frac{f(d_{ej})}{\sum_{j=1}^{n} f(d_{ej})} \tag{9-9}$$

式中:n 是已知观测点的数量;$f(d_{ej})$ 表示已知观测点与插值点之间已知距离 d_{ej} 的权重函数,最常用的一种形式是

$$f(d_{ej}) = \frac{1}{d_{ej}^b} \tag{9-10}$$

式中:b 是合适的常数,当 b 取值为 1 或 2 时,此时是反距离倒数插值和反距离倒数平方插值。

反距离权重插值作为一种全局插值算法,它的所有离散观测点都将参与每一插值点数值的计算,同时它也是一种精准插值,插值生成的曲面中的预测的观测值与实测的观测值完全一致。反距离权重插值适用于表现出均匀分布而且足够密集以反映局部差异的观测点数据集的场景,提供合理的插值结果,它普遍适用于空气质量、气象、土壤等领域的研究,尤其适用于当某个现象呈现出局部变异性的情况。

9.2.5.2 样条函数插值

样条函数 $S(x)$ 是一个分段函数,在区间 $[a,b]$ 是一个连续可微的函数,给定一组节点:

$$a = x_0 < x_1 < \cdots < x_n = b \tag{9-11}$$

其中,$S(x)$ 满足在每个子区间 $[x_i, x_{i+1}]$ $(n=0,1,2,\cdots,n-1)$ 上是次数不超过 m 的多项式且在区间上有 $(m-1)$ 阶连续导数,则称 $S(x)$ 是定义在 $[a,b]$ 上的 m 次样条函数。

样条函数插值的目标是找到满足最佳平滑原理的曲面,并使用样本观察点以最小化曲面曲率拟合平滑曲线。使用最小化表面总曲率的数学函数来估计插值点的值,从而在输入之后生成平滑表面。其表达式:

$$\hat{Z}_0 = T(x,y) + \sum_{i=0}^{n} \lambda_i R(r_i) \tag{9-12}$$

式中:$\hat{Z}_0$ 是点 (x_0,y_0) 处的估计值;r 是预测点与样点之间的距离;n 表示预测点的数量。样条函数主要划分为规则样条函数和张力样条函数。

对于规则样条函数,$R(r_i)$ 和 $T(x,y)$ 表达式为

$$T(x,y) = a_1 + a_2 x + a_3 y \tag{9-13}$$

$$R(r_i) = \frac{\frac{r_i^2}{4}\left[\ln\left(\frac{r_i}{2\Pi}\right) + c - 1\right] - \tau^2\left[k_0\left(\frac{r_i}{\tau}\right) + c + \ln\left(\frac{r_i}{2\Pi}\right)\right]}{2\Pi} \tag{9-14}$$

式中:c 是实常数;a 是线性方程系数;τ 是权重系数;k_0 是校正贝塞尔函数;r_i 是从插值点到观测点的距离。

对于张力样条函数，$R(r_i)$ 和 $T(x,y)$ 表达式为

$$T(x,y) = a_1 \tag{9-15}$$

$$R(r_i) = \frac{1}{2\Pi\phi^2}\left[\ln\left(\frac{r\phi}{2}\right) + c + k_0(r\phi)\right] \tag{9-16}$$

式中：c 为常数；a 为线性方程系数；ϕ 是权重系数；k_0 是改正后的贝塞尔函数；r_i 是插值点到观测点的距离。

样条函数插值速度快，且产生的视觉效果好，但样条函数插值的误差不能直接计算，适用于属性值在短距离内变化不大的区域范围，被广泛应用于测绘、统计学、计算几何等领域。

9.3 案例：基于 PSOFD-LSTM 的短期降雨预测

9.3.1 问题来源

降雨预测预报一直以来都是气象学领域和水文领域中的研究要点。及时准确的降雨预测预报可以帮助人们提前预警和采取措施，有助于避免洪涝灾害，减少人员伤亡和财产损失，对于保障人类生命财产安全具有重要意义。LSTM 因其善于发现序列的长期依赖关系，对处理长序列数据有天然的优势，有着很强的时序特征提取能力，已经成为机器学习降雨预测的主流方法。然而，过去 LSTM 超参数的选择主要依赖于研究人员的经验，这往往导致模型未能达到最佳的精度。本案例基于 LSTM 网络和粒子群优化（particle swarm optimization，PSO）的深度学习神经网络模型，在模型中加入降雨一阶差分结果，并采用 PSO 算法对 LSTM 超参数进行了优化，提出了 PSOFD-LSTM 模型，以提高对数据序列特征的学习能力。

9.3.2 技术方案

首先，构建加入降雨一阶差分的 LSTM 模型（简称 FD-LSTM）。然后，利用 PSO 算法分别对 LSTM 模型、FD-LSTM 模型的超参数进行优化，形成 PSO-LSTM、PSOFD-LSTM 模型，将其与 SVM、LSTM、FD-LSTM 等模型进行比较，利用平均绝对误差（mean absolute error，MAE）、均方根误差（root mean square error，RMSE）、决定系数（R^2）等指标评估不同模型的模拟效果和精度。

数据来源：安徽省合肥市浮山路渠气象监测站，时间跨度 2022 年 6 月 1 日到 2023 年 7 月 20 日，时间分辨率 5min，共 117 011 条数据。

9.3.3 结果分析

9.3.3.1 不同降雨预测模型的精度对比

所有的实验方法均使用大小相同的数据集和一致的训练方法，以预测未来 6h 降雨量为例。表 9-2 为各模型方法对降雨数据集的误差评价指标表。

表 9-2 各模型对降雨数据集的误差评价指标表

模型	MAE	RMSE	R^2
SVM	0.865 2	5.054 5	0.144 0
LSTM	0.531 6	2.314 6	0.825 8
FD-LSTM	0.624 9	2.233 0	0.843 9
PSO-LSTM	0.381 1	1.661 9	0.910 2
PSOFD-LSTM	0.321 7	1.159 7	0.956 3

从 SVM 模型到 PSOFD-LSTM 模型，整体呈现出误差值（MAE、RMSE）不断降低，R^2 值持续增加，模型性能逐步上升的趋势。经过 PSO 算法优化后的 PSO-LSTM 和 PSOFD-LSTM 模型的预测能力均明显增长，其中 PSOFD-LSTM 模型的 MAE、RMSE 值最低、R^2 系数最接近 1，因此 PSOFD-LSTM 模型的准确度最高。

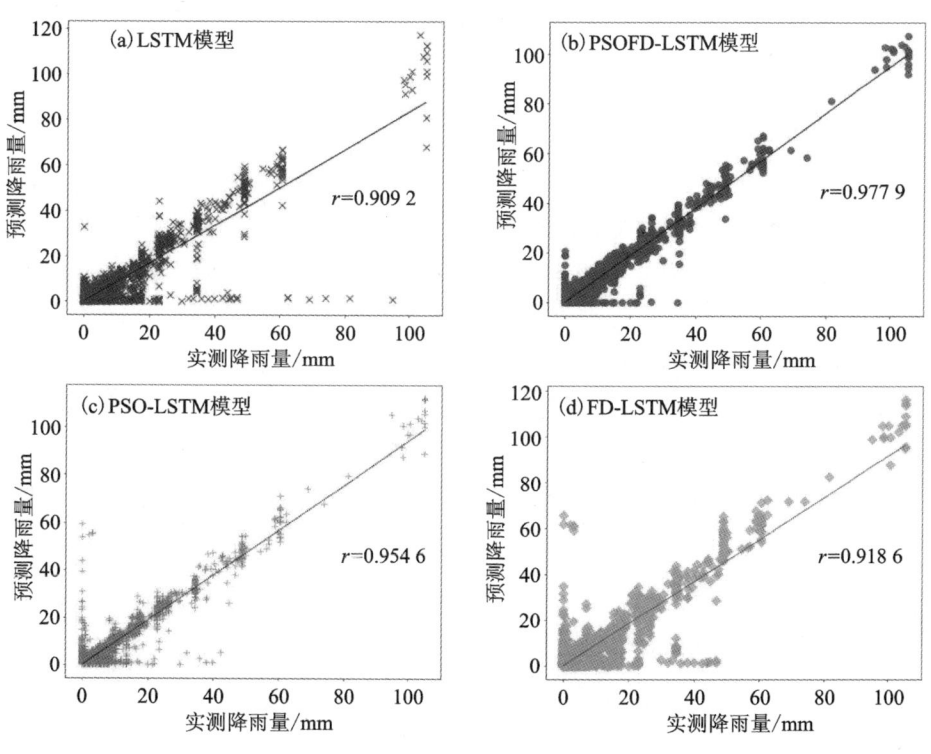

图 9-1 4 种模型实测与预测结果的相关性

如图 9-1 所示，4 种不同 LSTM 模型的预测和实测相关性表明：LSTM 模型和 FD-LSTM 模型的相关系数接近，分别为 0.909 2 和 0.918 6。PSOFD-LSTM 模型的预测降雨量和实测降雨量的相关关系最强，相关系数达到 0.977 9，拟合方程接近 $y=x$，说明 PSOFD-LSTM 降雨预测模型预测精度高，具有优秀的预测能力。

9.3.3.2 异常值预测能力评估

在趋势预测领域,那些展现出强烈平稳性和高周期性的趋势往往能够带来较为准确的预测结果。然而,对异常值的预测目前仍然是该领域面临的一大挑战。不同模型预测异常降雨的过程如图9-2所示。

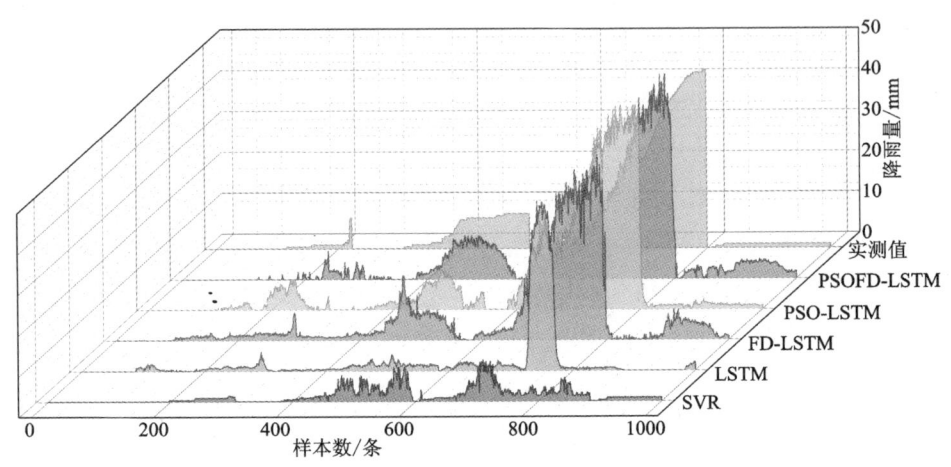

图 9-2　5种模型预测的降雨过程

从图9-2可以看出,在降雨量保持较低且稳定的情况下,SVM模型能够相对精确地预测降雨量。然而,随着降雨量的增加,尤其是当出现显著的高值异常时,SVM模型的预测准确性开始下滑,预测误差随之增大。相比之下,LSTM模型的表现要优于SVR模型,它基本上能够捕捉到降雨量的变化趋势,但与真实值之间仍然存在不小的差距。FD-LSTM模型对这一现象进行了改进,即便在降雨量增大的情况下,该模型也展现出了良好的预测能力,其预测值更加接近实际观测值。而在所有模型中,采用PSO算法优化的PSO-LSTM模型和结合了特征分解与粒子群优化的PSOFD-LSTM模型,在预测降雨量趋势方面展现出了更为卓越的性能。这两个模型的预测曲线与实测曲线几乎重合,充分证明了它们在处理异常值预测方面的强大能力。

扩展与思考

(1)时空趋势分析方法有哪些主要类型(如统计方法、机器学习方法、深度学习方法等)?请比较这些方法在处理时空数据时的优缺点,并说明它们之间的主要区别。

(2)在时空趋势预测中,常见的统计时间序列分析模型有哪些,在何种情况下,你会更倾向于选择哪种模型?请结合实际应用场景进行分析。

(3)深度学习模型(如LSTM、GRU、Transformer等)在时空趋势预测中具有哪些优势?请结合具体案例,说明深度学习模型如何处理时空数据中的复杂模式。

(4)空间插值方法(如克里金插值、反距离加权插值等)在时空趋势分析中如何应用?请比较这些方法在处理空间数据时的优缺点,并说明它们在时空趋势分析中的适用场景。

(5)在时空趋势预测中,如何评估模型的性能?请列举几种常见的评估指标(如均方误差、平均绝对误差等),并说明在时空数据预测任务中,哪些指标更为重要。

(6)在时空趋势分析中,如何处理多变量数据(如同时包含时间、空间和多个属性变量)?请结合具体案例,说明多变量数据处理的方法及其在时空趋势分析中的作用。

(7)在时空趋势分析中,模型的解释性对于实际应用非常重要。请比较几种常见的模型解释方法(如特征重要性分析、SHAP值等),并说明在时空趋势分析中,如何提高模型的可解释性。

(8)在时空趋势分析中,长期预测和短期预测的策略有何不同?请结合具体案例,说明在不同时间尺度下,如何选择合适的模型和方法。

第 10 章　时空过程模拟

时空过程模拟能通过构建精细的模型和算法,模拟复杂时空系统的动态变化过程,在环境管理、城市规划、气候变化研究等多个领域日益凸显其重要性,成为了时空大数据挖掘领域的一项核心技术。鉴于时空过程模拟涵盖的内容极为广泛且复杂,难以在一章之内全面覆盖,鼓励读者通过本章的学习,能够触类旁通,自行拓展相关知识。本章节将聚焦于时空过程模拟的基本概念及其与地理学之间的紧密联系,并重点介绍当前国内外普遍关注的水文过程与水环境过程模拟的相关模型。在案例部分,将分别阐述如何进行水文过程模拟和水污染过程模拟。

10.1　时空过程模拟概念

时空过程描述的是在特定时间段内,空间实体的属性及其空间特性如何随时间发生连续且方向性的变化。这一概念聚焦于两个核心要素:一是空间实体随时间推移所展现出的变化性,即在不同时间节点上,空间实体状态的差异;二是这些变化的整体性和趋势性,意味着这些变化不是随机独立的,而是相互关联、连续发展的过程。时空过程模拟则是对自然界或人类社会系统中时空变化进行建模与仿真的技术;它深入探索系统内各组成部分的相互作用、动态演化以及这些变化的时间序列特征。在地理学领域,时空过程模拟被用来研究地理现象及过程在时间和空间上的演变,通过建立模型,模拟和预测地理现象的时空分布、变化趋势及相互关系,从而揭示地球表面的动态特性。地理学中的时空过程模拟应用广泛,能加深我们对地球表面时空变化规律的理解,为地理学家提供了更好地解释这些变化的理论基础;同时,地理学的丰富理论与方法也为时空过程模拟提供了丰富的研究对象和实际应用场景,两者相辅相成。

时空过程是一个内容丰富且复杂的领域,它涵盖了地球表面及内部随时间发生的各种自然和人为变化。这些变化可以大致分为地表过程、地下过程以及人类活动引起的时空过程三大类。地表过程主要包括地质过程、气候和水文过程、土壤侵蚀与沉积、植被生长与生态系统演替等,它们共同塑造了地球表面的多样形态。地下过程则涉及地壳内部的岩浆活动、地热现象、地下水流动及其化学变化等,这些过程对地表景观的形成和演变具有深远影响。人类活动引起的时空过程则包括土地利用变化、资源开采和环境污染等,这些行为不仅改变了地球的自然面貌,也对生态环境造成了破坏。近年来,随着全球气候变化的加剧,地表过程特别是与水文和水环境相关的过程,成为了研究的热点。水作为地表过程的主要驱动力,对地球表面的形态塑造、生态系统平衡以及人类社会的生存与发展都具有至关重要的作用。因此，本章节将重点阐述地表过程中的水文和水环境过程。

10.2 地表过程模拟方法

10.2.1 地表过程概述

地表系统中的山水林田湖草沙冰是一个生命共同体，构成了一个区域、国家乃至地球的景观综合体，各系统间存在复杂而紧密的物质循环和能量流动。针对地表过程的含义，许多学者从自己专业的角度提出了不同的观点。在17世纪以前，对于地表过程的认识主要以现象观察为主，古代学者注意到河流冲刷、风沙堆积、火山喷发等现象，但多以经验观察和描述为主，缺乏系统理论。到19世纪，随着地质学的兴起与均变论的提出，地表过程被视为地质演化的一部分。詹姆斯·哈顿（James Hutton）提出了"均变论"（uniformitarianism），认为地表变化是缓慢、长期且持续的小规模地质作用的结果，而非短暂的灾变，该过程即为地表过程。在19世纪末—20世纪中期，地貌学与动力地质学兴起，地表过程更多被认为是地貌与动力地质的变化过程。20世纪中期开始，随着系统论与跨学科融合，地表过程被看作复杂系统，不再被视为单一驱动的现象，而是受到气候变化、水文循环、生物活动和地质作用等多重因素影响的复杂系统。

在地表过程的广泛范畴内，水过程（包括降水、径流等水循环环节以及水体质量的变迁）成为了城市规划建设与人类可持续发展战略中的核心议题。对地表水过程进行模拟，使我们能够精确预测并评估水资源的空间分布与动态演变，为城市水资源的高效管理奠定了坚实的科学基础。借助这一模拟手段，我们能够深入洞察不同气候条件、地形特征以及人类活动对地表水流与储存状态的复杂影响，有效识别潜在的洪水威胁区域，从而科学调整水资源的分配与利用策略，确保城市供水系统的稳健与安全。更进一步，地表水环境过程的模拟工作，有助于我们深刻认识水污染及水生态系统问题的根源与发展态势，为制定针对性的水环境治理方案、保护和恢复水生态环境提供了有力的技术支持。

10.2.2 地表水循环过程及模拟

地表水循环是水文循环的一个重要组成部分，描述了水在地球表面以不同形态和路径进行的持续循环流动过程。它包括降水、地表径流、蒸发、入渗、蓄水以及回归大气等环节。这个过程不仅是自然界中能量和物质流动的关键部分，也是生态系统和人类水资源利用的重要基础。地表水循环受气候、地形、植被等自然条件的影响，其过程在时间和空间上具有显著的动态变化特征。此外地表水循环过程具有复杂性的特点，地表水循环不仅受到自然条件的影响，还受人类活动的干扰，如水资源开发、土地利用变化、灌溉和水库调节等。

10.2.2.1 降雨—截留过程模拟

地表水循环过程的降雨—截留过程是地表水循环过程的一个关键环节，这一过程主要指降雨后水分在地表的滞留与流失。降雨是地表水循环的起始点,降雨量的大小、强度和持续时间直接影响地表水文过程。截留是指降雨后,水分在地表(如植被、土壤表面等)上滞留的现象。截留一般分为两个部分:植被截留与地表截留。植被截留指植物通过叶子和枝干捕获降雨,当降雨发生时,部分水分会在植物上滞留,然后逐渐蒸发或随着时间被释放到土壤中。地表截留指降雨落在土壤表面,部分水分会停留在土壤颗粒间、微小凹陷中。

降雨—截留过程往往受到多种因素影响,其中主要影响因素有植被类型及覆盖度(不同的植被会影响截留量,通常密集的植被会增加截留)、土壤性质(土壤的结构、粒径分布及水分保持能力都会影响截留效果)以及降雨强度(强降雨可能导致截留能力超限,从而产生径流)。

降雨—截留过程是复杂的、难以精确量化的,但可以使用水文模型概化这一过程。使用水文模型模拟截留过程时,不同的模型可能会使用不同的截留计算公式,常见的模型公式包括 Green-Ampt 模型、SCS-CN(soil conservation service-curve number)方法与土壤分层模型。这些模型公式基于特定参数来预测降水的截留量。

本节选择 SWAT 模型中模拟降雨—截留过程作为介绍示例。SWAT 模型是美国农业部开发的一个用于评估土壤和水资源管理的综合性模型,其采用 SCS-CN 方法模拟降雨—截留过程,有效降雨—截留之间的关系如下:

$$P_e = P - S_{in} \tag{10-1}$$

$$Q = \begin{cases} 0 & P \leqslant S \\ \dfrac{(P-S)^2}{(P+0.2S)} & P > S \end{cases} \tag{10-2}$$

$$S = \dfrac{25\,400}{CN} - 254 \tag{10-3}$$

式中:P_e 为有效降雨;S_{in} 为初始截留水量(通常根据土壤性质与植被覆盖度来确定);P 为降雨量;Q 为有效径流;S 为持水量;CN 值由土地利用土壤类型以及湿润条件决定。

10.2.2.2 下渗过程模拟

入渗是水文过程中的一个重要环节,它涉及地表水分如何渗透到土壤中并进入地下水系统。当降雨强度超过土壤的下渗强度时,超过部分形成地面径流。当土壤湿度已达到田间持水量,土中自由水将稳定进入地下水库,形成地下径流。霍顿产流理论可概括为:超渗形成地面径流,稳定下渗形成地下径流。

针对降雨入渗这一过程,研究学者提出了多种渗透模型。例如 Philip 入渗模型、Green-Ampt 模型、Richards 方程等。其中 Philip 模型是一种经验公式,主要用于描述入渗速率随时间变化的过程;Green-Ampt 模型和 Richards 方程是一种更为复杂的形式,考虑了水分在土壤中的动态变化。

Richard 土壤入渗方程是一种用于描述水分在饱和与非饱和土壤中运动的数学模型。它的基本形式基于达西定律,并考虑土壤的水分特性。该方程广泛应用于水文、土壤科学和农业工程等领域,用于预测土壤中的水分运动以及不同饱和度下的入渗过程,基本公式如下:

$$\dfrac{\partial \theta}{\partial t} = \nabla \cdot [K(\theta) \nabla h] + S \tag{10-4}$$

式中：θ 为土壤含水量；t 为时间；$K(\theta)$ 为土壤的水力导度，通常是土壤水分特征曲线的函数；h 为土壤水势（水头）；S 为土壤中水分的来源或去向（例如蒸发）；∇ 为梯度算子。

10.2.2.3 地表径流过程模拟

地表径流（surface runoff）是降水或融雪后未被土壤入渗的水分，在地表流动并汇入河流、湖泊或其他水体的过程。它是水文循环的重要组成部分，与降水、蒸散发、地下水补给等过程密切相关。地表径流的产生和过程受到多种因素的影响，包括降水强度、土壤特性、地形、土地利用类型和气象条件等。

地表径流模拟的基本原理是通过数学模型和物理模型，描述降水经过下渗、蒸发、滞留和地表流动后，形成径流的过程。其核心在于对以下几个过程的描述。

（1）降水转化为径流的机制：通过土壤下渗率、滞留量等参数，确定产生径流的有效降水量。

（2）地表水流动规律：利用动力学方程描述水流在地表的运动。

（3）集水区域和流域特性：通过地形、植被覆盖和土地利用情况，影响流域水流的路径和流速。

地表径流过程模拟的模型众多，包括 SCS-CN 模型、VIC（variable infiltration capacity）模型等众多分布式模型及耦合机器学习模型的数据驱动模型。在这些模型模拟地表径流过程中，采用的模拟方程有所差异，核心思想是通过模拟降水-入渗-蒸散发-径流的相互作用来模拟地表径流过程。以采用 SCS-CN 模型来模拟地表径流的 SWAT 模型为例，其计算地表径流的方程如下：

$$Q_{surf} = \frac{(R - I_a)^2}{(R - I_a) + S} \tag{10-5}$$

式中：Q_{surf} 为地表径流（mm）；R 是降水量（mm）；I_a 初始损失（入渗、截留等），通常 $I_a = 0.2S$（mm）；S 为最大潜在储水量（mm），由土地利用和土壤性质决定。S 的计算如下：

$$S = 25.4 \times \left(\frac{1000}{CN} - 10\right) \tag{10-6}$$

式中：CN 是曲线数，取值范围[0,100]，由土壤类型、土地利用和湿度条件决定。CN 值越大，代表土壤的入渗能力越差，地表径流越大。

10.2.2.4 典型地表水循环过程模型和工具

典型的水文模型可分为概念式水文模型、分布式水循环过程模拟模型和数据驱动模型等 3 类。

1. 概念式水文模型

（1）HBV（hydrologiska byråns vattenbalansavdelning）模型是一个概念性降雨-径流模型，主要用于流域尺度的水文过程模拟。该模型由瑞典水文研究所（Swedish Meteorological and Hydrological Institute，SMHI）开发，最早应用于北欧国家的流域水文研究，现在已被广泛用于全球范围内的流域水资源管理、洪水预报和气候变化影响评估。HBV 模型分为以下几个关键部分。

①降水分配与雪盖模块：通过一个温度阈值参数，将降水分配为雨水和雪水。考虑积雪的水分含量（snow water equivalent，SWE），并模拟积雪融化过程。

②土壤水分平衡模块：土壤储水量决定了水的下渗与径流生成。使用非线性公式计算实际蒸散发和土壤储水变化。

③径流生成模块：根据土壤含水量和地下储水状态，径流分为基流和快速径流两部分。基流代表地下水流出，而快速径流代表表面径流。该模块包括蓄水池模型，用于模拟地下水和地表径流之间的关系。

④河道汇流模块：该方法通过水库模型来计算各子流域的产流，并通过河道网络进行空间整合，最终得到流域的总流量。

(2) SMAR(soil moisture accounting and routing model)是基于土壤水分动态变化的概念性降雨-径流模型，用于模拟流域水文循环。它通过描述土壤湿度对水分输送的影响，强调降雨、蒸散发和径流之间的相互关系，同时结合河道汇流动态。SMAR模型的设计简单、参数较少，适合于流域尺度的降雨-径流建模。

2. 分布式水文模型

(1) VIC模型，基于土壤-植被-大气传输(soil vegetation atmospheric transfer schemes，SVAT)思想，综合考虑气候、地形、土壤性质、植被之间的相互作用，能较好地反映出土壤、植被和大气之间的水量和能量传输过程。VIC模型由水量平衡模块、能量平衡模块以及汇流模块组成，同时将流域划分为若干网格，每个网格单独计算，允许每个网格存在不同的土地覆被类型和土壤特征。VIC模型是一个基于Linux平台研发、控制台输入指令的开源模型，应用包括产流模块和汇流模块。模型输入为文件形式的研究区域下垫面参数(土壤的理化、水力特征以及地表覆盖参数)，以及区域内研究时间段内历时(逐日或者逐若干小时)的气象数据，输出为模拟的区域内研究时间段内历时的土壤含水量、蒸散发量、产流量等数据。

(2) SWAT(soil and water assessment tools)模型是1994年由美国农业部(United States Department of Agriculture，USDA)农业科学研究院(Agricultural Research Service，ARS)开发的分布式流域尺度模型，是一个连续时间模型。可模拟流域内发生的各种物理过程，用于不同土壤类型、土地利用方式和管理条件下的复杂流域内，预测土地管理措施长期对水资源、泥沙、非点源污染等的影响。

(3) SWMM(storm water management model)模型是由美国环保署(U. S. Environmental Protection Agency，EPA)开发的动态降雨-径流模拟模型，用于模拟降雨事件期间和事件后的动态水文和水力过程。SWMM也适用于城市流域的排水设计、洪水控制和非点源污染管理。

(4) HSPF(hydrological simulation program-FORTRAN)模型是一种综合性水文和水质建模系统，用于模拟流域尺度的水文循环和污染物输运过程。它由美国环保署开发，基于FORTRAN编程语言实现，适用于陆地和水体的长期模拟。HSPF可以处理多种水文和水质过程，广泛应用于非点源污染控制、流域水资源管理和环境影响评价。

3. 数据驱动模型

随着机器学习模型的广泛应用,众多学者把机器学习模型用于地表水循环过程模拟中,典型算法包括人工神经网络(ANN)、支持向量机(SVM)、随机森林(RF)等。在地表水循环过程模拟的研究中,利用观测数据和机器学习算法,从数据中提取水文过程的潜在规律。相比传统的物理模型和概念性模型,数据驱动模型不需要显式的水文过程方程,是处理复杂非线性关系和大数据分析的有效工具。

当前众多研究把以深度学习模型为主的数据驱动模型耦合概念水文模型或物理模型,即将概念模型与分布式物理模型、数据驱动模型等结合,弥补单一模型的不足,这种耦合模型既考虑物理机制,又可利用数据驱动方法增强预测能力。

10.2.3 地表水环境过程及模拟

地表水环境过程的数值模拟方法用于分析和预测水文、水质、生态系统以及污染物在河流、湖泊和海洋中的动态行为。这些方法通过数学公式、数值求解和计算机仿真工具,模拟复杂的物理、化学和生物过程。典型的地表水环境过程包括水动力过程以及生态环境过程,其中生态环境过程可以分为水温模拟、溶解氧模拟、营养盐模拟、叶绿素模拟等。

10.2.3.1 水动力模拟

水动力模块主要是描述水流运动,是泥沙输运和物质迁移的必要基础,也为其他模块,如物质输运、水质与富营养化和拉格朗日粒子追踪等模块的构建提供水流信息,包括水流的速度、流量/水位、环流和密度分层等。模型水动力模块还可以模拟近场射流、风生流,并提供外部耦合波浪模块的数据接口。水动力模拟通常分为一维水动力模型(1D)、二维水动力模型(2D)和三维水动力模型(3D),每种模型在不同的应用场景中有不同的优势和挑战。

1. 一维水动力模拟方程

一维水动力模拟模型通常用于描述流体在一个空间方向(沿着河道或管道方向)的运动。它假设水流在横向(如河道宽度和深度方向)上是均匀的,只考虑水流沿流动方向的变化。

一维水动力模拟方程包括质量守恒方程和动量守恒方程(Saint-Venant 方程);质量守恒方程为

$$\frac{\partial h}{\partial t}+\frac{\partial Q}{\partial x}=0 \tag{10-7}$$

式中:h 为水深(m);Q 为流量(m^3/s)。

非恒定流的 Saint-Venant 方程应用于河网一维水动力计算的求解方法,具体的方程如下:

$$\frac{\partial Q}{\partial t}+\frac{\partial}{\partial x}\left(\frac{Q^2}{A}\right)+gA\frac{\partial h}{\partial x}+f \cdot Q=0 \tag{10-8}$$

式中:t 为时间步长;A 为过水断面面积;f 为摩擦系数(曼宁公式)。

2. 二维水动力模拟方程

二维水动力模型考虑了水流在水平面上的两个方向(x 轴和 y 轴)的变化,适用于描述复杂的河流、湖泊、海洋等水体的流动,尤其是流域范围较大、地形复杂的地区。

二维水动力模拟质量守恒方程为

$$\frac{\partial h}{\partial t} + \frac{\partial (\mu h)}{\partial x} + \frac{\partial (vh)}{\partial y} = 0 \qquad (10-9)$$

式中:h为水深(m);μ为水流在x方向的速度(m/s);v为水流在y方向的速度(m/s)。

非恒定流的Saint-Venant方程应用于二维水动力计算的求解方法可用方程表示为

$$\frac{\partial (\mu h)}{\partial t} + \frac{\partial (\mu^2 h)}{\partial x} + \frac{\partial (\mu vh)}{\partial y} + gh\frac{\partial h}{\partial x} - \frac{\partial \tau_x}{\partial x} - \frac{\partial \tau_y}{\partial y} = 0 \qquad (10-10)$$

式中:τ_x和τ_y分别是x和y方向的摩擦应力。

3. 三维水动力模拟方程

三维水动力模拟模型考虑水流的三维变化,能够准确模拟复杂的流动行为,特别是流体的垂直分布、波动以及在不同深度的流动情况。通常应用于深水区、海洋模拟、密度流等问题。

质量守恒方程应用于三维水动力模拟可表示为

$$\frac{\partial \theta}{\partial t} + \nabla \cdot (\mu \theta) = 0 \qquad (10-11)$$

式中:θ是水体中某一物质(如水、污染物等)的浓度或温度。

动量守恒方程(Navier-Stokes方程)应用于三维水动力模拟可表示为

$$\frac{\partial (\mu)}{\partial t} + (\mu \cdot \nabla)\mu = -\frac{1}{\rho}\nabla P + v\nabla^2\mu + f \qquad (10-12)$$

该方程适用于描述流体在三维空间中的流动。

10.2.3.2 水温模拟

水温直接影响水体中多个物理、化学和生物过程,包括溶解氧的溶解度、营养物质的转化、藻类生长等,因此,对水环境过程中的水温进行模拟具有重要意义。水温通常是由气象条件(如气温、辐射)、水体物理特性(如混合、流动、深度)以及水体与环境之间的热交换过程等因素共同作用的结果。

在水温模拟模型中,σ坐标下水柱中温度和热传递的基本方程为

$$\frac{\partial}{\partial t}(m_x m_y HT) + \frac{\partial}{\partial x}(PT) + \frac{\partial}{\partial y}(QT) + \frac{\partial}{\partial z}(m_x m_y wT) = \frac{\partial}{\partial z}\left(\frac{m_x m_y}{H} Ab \frac{\partial T}{\partial z}\right) = \frac{\partial I}{\partial z} + S_r$$

(10-13)

式中:x、y为水平方向的正交-曲线坐标(m);m_x、m_y为坐标变换系数;T为温度(℃);w为垂向速度分量(m/s);I为太阳短波辐射强度(W/m²);ST为热交换的源汇项(J/s);P和Q分别为x、y方向的质量通量分量(m²/s)。

$$H_{aw} = -K_{aw}(T_s - T_e) \qquad (10-14)$$

式中:H_{aw}为表面热交换率(W/m²);K_{aw}为表面热交换系数[W/(m²·℃)];T_s为水面温度(℃);T_e为平衡温度(℃)。太阳短波辐射进入水体后被水柱吸收,从而使水柱水温上升,水柱中的光强度:

$$\frac{\partial I}{\partial z} = -K_e I \tag{10-15}$$

式中：K_e 为消光系数（m^{-1}）；z 特指水面以下的深度（m）。包含沉积床温度的模拟可使深水湖库的水温模拟更加准确,沉积床和水柱底层热交换率可表示为

$$H_b = -(K_{b,v}U + K_{b,c})(T_w - T_b) \tag{10-16}$$

$$U = \sqrt{u_1^2 + v_1^2} \tag{10-17}$$

式中：H_b 为沉积床-水柱热交换率（$\mathrm{W/m^2}$）；$K_{b,v}$ 为对流热交换系数[$\mathrm{W/(m^2 \cdot \text{℃})}$]；$K_{b,c}$ 为传导热交换系数[$\mathrm{W/(m^2 \cdot \text{℃})}$]；$u_1$ 和 v_1 分别为底层水流在 x、y 方向上的速度分量（m/s）；T_w 为底层水温（℃）；T_b 为沉积床温度（℃）。紊流过程在水体的垂直混合中具有重要影响,由紊流扩散引起的垂向运输足以使水体完全混合。

10.2.3.3 溶解氧模拟

溶解氧（dissolved oxygen,DO）是指溶解在水中的分子态氧。它是水体自净能力和水生生物生存的重要指标,反映了水体的污染程度和生态健康状况。水体中溶解氧的浓度受多种因素影响,包括温度、光照、气压、有机物分解、生物呼吸作用等。溶解氧的模拟旨在通过数学模型,定量描述这些影响因素如何控制水体中溶解氧的产生、消耗和迁移,从而模拟水体的溶解氧时空分布；因此,在进行溶解氧的模拟过程中通常需要考虑溶解氧的来源、消耗、转化等过程。

在环境流体动力学模型（environmental fluid dynamics code,EFDC）中,溶解氧的模拟通常采用如下的质量守恒方程：

$$\frac{\partial C_{\mathrm{DO}}}{\partial t} + \nabla \cdot (\vec{v} + C_{\mathrm{DO}}) = \nabla \cdot (D\nabla C_{\mathrm{DO}}) + S_{\mathrm{DO}} - K_{\mathrm{oxygen}} \tag{10-18}$$

式中：C_{DO} 为溶解氧浓度（mg/L）；$\vec{v}$ 为水流速度矢量（m/s）；D 为溶解氧的扩散系数（$\mathrm{m^2/s}$）；S_{DO} 为溶解氧来源项[$\mathrm{mg/(L \cdot s)}$],包括光合作用产氧和大气复氧；K_{Oxygen} 为溶解氧的消耗项,包括生物耗氧和呼吸作用耗氧等。

10.2.3.4 营养盐模拟

营养盐（nutrients）是水生生物生长所必需的物质,主要包括氮（nitrogen,N）和磷（phosphorus,P）。在自然条件下,营养盐的浓度维持在一定水平。然而,由于人类活动的影响（如农业施肥、工业排放、生活污水等）,大量营养盐进入水体,导致水体富营养化,进而引发藻类水华、水质恶化等问题。本书主要介绍氮、磷在水体中的循环过程。

1. 水体中氮循环过程

在水体中,氮的循环涉及氮的输入（大气沉降,地表径流、地下水输入）、转化氮气的固氮作用（生物固氮、氨化作用、硝化作用和反硝化作用等）、输出（水体蒸发、反硝化作用、沉积物和水体流出）和蓄积（有机氮的积累与降解和水生物吸收）等过程,主要包括氮的还原、氧化、矿化和固定等过程。

在进行氮循环过程模拟中,涉及氮如何在水流、扩散和混合作用下进行迁移。本书以

EFDC 在模拟水体氮循环过程进行描述,以水流与扩散方程来描述氮在水体中的扩散与传输过程。

$$\frac{\partial C}{\partial t} + \nabla \cdot \mu C = \nabla \cdot (K \nabla C) + S(C) \tag{10-19}$$

式中:C 是指氮的浓度;μ 是指水流速度;K 是指扩散系数;$S(C)$ 是指氮源汇项。

在 EFDC 模型模拟水体氮循环过程还包括氮的化学转化(硝化、反硝化和氨化等转化过程)、氮的外源输入、氮的沉积与再悬浮等多个关键方程。

氮的化学转化(硝化、反硝化和氨化等转化过程)方程可以用 Monod 模型表示,硝化作用是指氨氮转化为硝酸盐的过程;反硝化作用是硝酸盐在缺氧或厌氧的条件下转化为氨气的过程;氨化作用是有机氮转化为氨氮的过程。

$$r_{\text{nitrification}} = \frac{r_{\max} \cdot [\text{NH}_4^+]}{K_s + [\text{NH}_4^+]} \tag{10-20}$$

$$r_{\text{denitrification}} = \frac{D_{\max} \cdot [\text{NO}_3^-]}{P_s + [\text{NO}_3^-]} \tag{10-21}$$

$$r_{\text{ammonification}} = \frac{A_{\max} \cdot [\text{ON}]}{I_s + [\text{ON}]} \tag{10-22}$$

式中:$r_{\text{nitrification}}$ 是硝化过程的速率;$r_{\max}$ 是硝化的最大速率;NH_4^+ 是氨氮浓度;K_s 是氨氮的半饱和常数;$r_{\text{denitrification}}$ 是反硝化作用的速率;$D_{\max}$ 是反硝化的最大速率;$[\text{NO}_3^-]$ 是硝酸盐浓度;P_s 是硝酸盐的半饱和常数;$r_{\text{ammonification}}$ 是氨化作用速率;$A_{\max}$ 是氨化的最大速率;$[\text{ON}]$ 是有机氮的浓度;I_s 是有机氮的半饱和常数。

生物同化过程指水生植物通过光合作用无机氮同化成有机氮的过程;EFDC 模拟该过程时,通常会考虑藻类和水生植物的生长速率与营养物质(如氮)的浓度之间的关系。

水生植物的生长描述:

$$r_{\text{growth}} = \frac{G_{\max} \cdot [N]}{G_s + [N]} \tag{10-23}$$

式中:r_{growth} 是藻类或植物的生长速率;$[N]$ 是水中的氮浓度;$G_{\max}$ 是最大生长速率;G_s 是氮的半饱和常数。

EFDC 模型通过沉积与再悬浮过程来模拟这一部分的氮的动态,可以用以下方程来描述:

$$\frac{\text{d}[N_{\text{sed}}]}{\text{d}t} = R_{\text{sedimentation}} - R_{\text{resuspension}} \tag{10-24}$$

式中:$[N_{\text{sed}}]$ 是沉积物中的氮浓度;$R_{\text{sedimentation}}$ 是沉积速率;$R_{\text{resuspension}}$ 是再悬浮速率。

EFDC 模型允许输入不同来源的外部氮负荷,例如农业径流、工业排放、污水排放等。氮负荷可以通过设定边界条件或负荷源来模拟。

2. 水体中磷循环过程

水体中的磷循环过程涉及磷的多种形式和转化过程,主要包括溶解性磷(如正磷酸盐、磷酸氢盐等)、颗粒态磷(如沉积物中的磷)以及磷在水生生物体内的同化过程。磷的动态变化受水体生物过程、沉积-再悬浮、化学反应以及外源输入等因素的影响。总的来说,模拟水体中磷的循环过程涉及磷的外源输入、溶解性磷与颗粒态磷的转化、生物同化、磷的沉积与再悬浮、磷的释放与吸附等几个过程。

本书以 EFDC 模型通过模拟磷的各种转化过程来表示水体中的磷循环为例进行介绍。EFDC 模拟磷循环的关键方程包括水动力学方程、磷的化学转化方程、磷的生物同化方程和外源输入方程。

水动力学方程按以下方程进行描述：

$$\frac{\partial P}{\partial t} + \nabla \cdot \mu P = \nabla \cdot (K \nabla P) + S(P) \tag{10-25}$$

式中：P 是磷浓度；μ 是水流速度；K 是扩散系数；$S(P)$ 是磷的来源项，表示磷的输入或转化。

水体中溶解性磷和颗粒态磷之间的转化受到水质环境的影响，因此溶解性磷与颗粒态磷的转化、沉积与再悬浮可以用方程描述：

$$r_{\text{adsorption}} = k_a \cdot [\text{PO}_4^{3-}] \cdot [\text{sediment}] \tag{10-26}$$

$$r_{\text{desorption}} = k_d \cdot ([\text{PO}_4^{3-}])^2 \cdot [\text{sediment}] \tag{10-27}$$

式中：k_a 是磷的吸附速率常数；k_d 是磷的解吸速率常数；$[\text{PO}_4^{3-}]$ 是水中的溶解性磷浓度；$[\text{sediment}]$ 表示沉积物中磷的浓度。

$$\frac{d[P_{\text{sed}}]}{dt} = P_{\text{sedimentation}} - P_{\text{resuspension}} \tag{10-28}$$

式中：$[P_{\text{sed}}]$ 是沉积物中的磷浓度；$P_{\text{sedimentation}}$ 是沉积速率；$P_{\text{resuspension}}$ 是再悬浮速率。

水体中的生物（如藻类和水生植物）会吸收水中的溶解性磷。生物同化的速率可以通过类似 Monod 动力学的方程来表示：

$$r_{\text{growth}} = \frac{P_{\max} \cdot [\text{PO}_4^{3-}]}{K_s + [\text{PO}_4^{3-}]} \tag{10-29}$$

式中：r_{growth} 是藻类或水生植物的生长速率；$P_{\max}$ 是最大生长速率；$[\text{PO}_4^{3-}]$ 是水中的磷浓度；K_s 是磷的半饱和常数。

磷也可以通过微生物降解或转化为无机磷。降解过程的速率可以表示为

$$r_{\text{decay}} = k_{\text{decay}} \cdot [P_{\text{org}}] \tag{10-30}$$

式中：r_{decay} 是磷降解速率，k_{decay} 是降解速率常数，$[P_{\text{org}}]$ 是有机磷的浓度。

外部的磷负荷（例如农业径流或污水排放）可以通过边界条件或输入源来模拟。

10.2.3.5 叶绿素模拟

叶绿素（chlorophyll）模拟在水质模型中非常重要，因为叶绿素浓度常常作为水体中藻类生物量的代表，而藻类生长直接影响水质，尤其是富营养化问题。基于藻类变化机理发展起来的藻类模型，往往具有高维参数的特点，同时其中很多参数也难以直接测量。一般地，藻类模型中会有不同季节、不同藻类的生长动力学过程。藻类包括蓝藻、硅藻、绿藻等藻类。作为反映湖泊藻类特性的重要参数，藻类模型参数也具有一定的时空异质性，因此进行藻类模型的构建，最好能反映出空间的异质性特征。

模拟藻类变化的控制方程如下：

$$\frac{\partial mHC}{\partial t} + \frac{\partial m_y H_u C}{\partial x} + \frac{\partial m_x H_v C}{\partial y} + \frac{\partial mwC}{\partial z}$$
$$= \frac{\partial}{\partial x}\left(\frac{m_y H K_x}{m_x}\frac{\partial C}{\partial x}\right) + \frac{\partial}{\partial y}\left(\frac{m_x H K_y}{m_y}\frac{\partial C}{\partial y}\right) + \frac{\partial}{\partial z}\left(\frac{m K_v}{H}\frac{\partial C}{\partial z}\right) + mH S_x \quad (10\text{-}31)$$

式中：x、y 为水平笛卡儿坐标；z 为垂向 Sigma 坐标；H 为水深；u、v、w 分别是 x、y、z 方向上的流速；m_x、m_y 是度量、张量对角元素的平方根；$m = mx \cdot my$ 是雅克比行列式；K_x、K_y、K_v 分别为 x、y、z 方向的紊动扩散系数；C 为藻类物质的浓度；S_x 为源汇项，下标 x 代表藻类种群，包括蓝藻、硅藻和绿藻。

等式左边后三项为平流输运计算项，右边前三项为扩散计算项，这部分计算所需资料由水动力模型提供。S_x 为源汇项，它包含了藻类变量在水体中发生的化学和生物过程以及外源输入，该部分模型通过下式进行描述：

$$\frac{\partial B_x}{\partial t} = (P_x - BM_x - PR_x)B_x + \frac{\partial}{\partial z}(WS_x \cdot B_x) + \frac{WB_x}{V} \quad (10\text{-}32)$$

式中：B_x 表示藻类生物量；t 为时间；P_x 为藻类生产速率；BM_x 表示藻类基础新陈代谢速率；PR_x 为藻类捕食速率；WS_x 为藻类沉降速率；WB_x 为外源输入；V 是体积。对于 P_x、BM_x、PR_x，模型采用下列公式描述：

$$P_x = PM_x \cdot f_1(N) \cdot f_2(I) \cdot f_3(T) \quad (10\text{-}33)$$

$$f_1(N) = \min\left(\frac{NH_4 + NO_3}{KHN_x + NH_4 + NO_3}, \frac{PO_4 d}{KHP_x + PO_4 d}\right) \quad (10\text{-}34)$$

$$f_2(I) = \frac{I}{I_K}\exp\left(1 - \frac{I}{I_K}\right) \quad (10\text{-}35)$$

$$I(D) = I_s e^{-KeD} \quad (10\text{-}36)$$

$$Ke = Keb + KeTss \cdot Tss + KeChl \cdot B_x \quad (10\text{-}37)$$

$$f_3(T) = \begin{cases} \exp(-KTG1_x (T - TM1_x)^2) : T < TM1_x \\ 1 : TM1_x \leqslant T \leqslant TM2_x \\ \exp(-KTG2_x (T - TM2_x)^2) : T > TM2_x \end{cases} \quad (10\text{-}38)$$

$$BM_x = BMR_x \cdot \exp(KTB_x[T - TR_x]) \quad (10\text{-}39)$$

$$PR_x = PRR_x \cdot \left(\frac{B_x}{B_{xp}}\right)^{a_p} \cdot \exp(KTP_x[T - TR_x]) \quad (10\text{-}40)$$

式中：PM_x 为藻类最大生长速率；$f_1(N)$ 为营养盐限制函数；$f_2(I)$ 为光照限制函数；$f_3(T)$ 为温度限制函数；KHN_x 为藻类生长氮半饱和常数；KHP_x 为藻类生长磷半饱和常数；I 为光强；I_K 为最适宜光线强度；$I(D)$ 为水深为 D 处的光线强度；I_s 为水面太阳辐射；Ke 为消光系数；Keb 为背景消光系数；$KeTss$ 为悬浮颗粒物消光系数；TSS 为总悬浮物；$KeChl$ 为叶绿素消光系数；T 为水温；$TM1_x$、$TM2_x$ 分别为藻类生长最适温度的最小值、最大值；$KTG1_x$、$KTG2_x$ 分别为温度低于 $TM1_x$、高于 $TM2_x$ 时水温对藻类群体生长的影响；BMR_x 为藻类在 TR_x 时的基础代谢速率；KTB_x 为温度对藻类代谢的影响；TR_x 为藻类基础代谢的参考温度；PRR_x 为藻类在 TR_x 和 B_{xp} 时的捕食速率；B_{xp} 为处于最佳捕食状态时的参考藻类浓度；α_p 为指数相关因子；KTP_x 为温度对藻类捕食的影响；TR_x 为处于最佳捕食状态的参考温度。

基于动力学过程求得的源汇项 S_x，代入藻类生长模型的初始条件即可获得藻类生物量在时空上的变化。

10.2.3.6 危险化学品模拟

绝大多数危险化学品可以分为 3 类：漂浮（不溶）型化学品、溶解型化学品和沉降（不溶）型化学品，针对这 3 类化学品的数值模拟，可以作为其他类别化学品更为复杂迁移扩散过程的研究基础。

(1) 漂浮（不溶）型化学品。漂浮（不溶）型化学品泄漏到水体后的运动包括扩展、漂移以及风化过程，与油类行为类似，可以参考目前研究较多的水体溢油模型对其进行数值模拟。

(2) 溶解型化学品。流扩散型化学品的迁移扩散遵从对流扩散方程，由水体流场决定其时空分布，目前较为成熟的通用水质模型在计算常规水质指标之外均可以计算用户自定义物质，以溶解态（或分散态）的污染物质作为计算主体，综合考虑挥发、吸附、沉降、生化降解等转化过程。

(3) 沉降（不溶）型化学品。沉降（不溶）型化学品在水体中的运动主要包括液团自身的沉降、扩展过程以及破碎液滴的对流扩散过程。液团沉降过程中的迁移由水体流速、沉降速度以及水深等进行计算，液团扩展过程参照静水有风条件下的溢油扩展，破碎液滴的运动通过对流扩散方程进行描述，同时，可以将水体底部形成的污染区域作为对流扩散方程中的缓慢释放源对其进行考虑。

通过对以上 3 种类型化学品的数据模拟基本思路进行分析后，讨论不同类型（漂浮、溶解、沉降）危险化学品事故情景下对周边海域的扩散范围与影响程度。

对于漂浮型的危化品，利用粒子追踪模块或者泥沙模块，粒子追踪模块的主要控制方程为

$$dX_t = a(t, X_t)dt + b(t, X_t)\zeta_t dt \tag{10-41}$$

式中：a 为漂流项，该项主要考虑流和风的作用；b 为扩散项；ζ 为随机数。

泥沙模块中则通过调整沉降系数的方法，使物质不沉降，并通过控制扩散水层，保证扩散物质仅在表层扩散输移，并且不影响其垂向紊动。

对于溶解型的危化品，通过可溶解物质的扩散方程进行模拟：

$$\frac{\partial (hc)}{\partial t} + \frac{\partial (uhc)}{\partial x} + \frac{\partial (vhc)}{\partial y} = \frac{\partial}{\partial x}\left(hD_x \frac{\partial c}{\partial x}\right) + \frac{\partial}{\partial y}\left(hD_y \frac{\partial c}{\partial y}\right) - Fhc + S \tag{10-42}$$

式中：c 为危化品浓度（单位可选择）；u、v 分别为 x、y 方向的流速（m/s）；h 为水深（m）；D_x、D_y 分别为 x、y 方向的扩散系数（m²/s），可通过 $(D_x, D_x) = 5.93Hg^{\frac{1}{2}}C^{-1}(u, v)$ 计算获得；F 为线性衰减系数（s⁻¹）；S 表示源（汇）项；Q_s 指源（汇）排放率[m³/(s·m⁻²)]；c_s 为源汇化学品的浓度（单位可选择）。

对于沉降型的危化品，利用泥沙模块进行计算，通过调整泥沙沉降系数的办法，使其迅速沉入水底，并通过底床输移，采用泥沙模块的方程进行模拟：

$$\frac{\partial C_i}{\partial t}+\frac{\partial u C_i}{\partial x}+\frac{\partial v C_i}{\partial y}+\frac{\partial (\omega-\omega_i)C_i}{\partial z}=\frac{\partial}{\partial x}\left(A_H\frac{\partial C_i}{\partial x}\right)+\frac{\partial}{\partial x}\left(A_H\frac{\partial C_i}{\partial y}\right)+\frac{\partial}{\partial x}\left(K_h\frac{\partial C_i}{\partial z}\right)$$

(10-43)

式中：C_i 为悬浮物浓度(mg/L)；A_H 为水平旋转黏性系数；K_h 为垂直旋转黏性系数；ω 为沉降速度(m/s)。

10.2.3.7 典型地表水环境过程模型和工具

(1)环境流体动力学代码(environmental fluid dynamics code, EFDC)是一种三维建模工具，用于模拟水体环境中复杂的物理、化学和生态过程。EFDC 是由美国环保署开发的开源软件，广泛应用于研究河流、湖泊、河口、湿地、沿海区域等水体的流动、水质和沉积物运输等现象，即模拟水动力-水环境过程。

(2)QUAL2K(River and Stream Water Quality Model)由美国环境保护署开发，是 QUAL2E 模型的改进版，主要用于模拟河流和溪流中溶解氧、营养物质(氮、磷)和其他水质变量的变化。QUAL2K 采用了概念性和物理过程相结合的建模方法，特别适合于一维、稳态或准动态条件下的水质模拟。

(3)CE-QUAL-W2 是二维水动力水质模型，它可模拟包括 DO、TOC、BO 大肠杆菌、藻类等在内的 17 种常规水质目标，主要适用于狭长湖泊和分层水库水质模拟。CE-QUAL-R1 是垂向一维水质模拟模型，被用来模拟湖泊、水库水质在深度方向的变化。CE-QUAL-ICM 能模拟一维、二维、三维，是目前世界上发展程度最高的三维模型之一。

(4)MIKE21 是基于水动力和水质研究的二维数值模拟模型，主要包括水动力学(HD)、平流扩散(AD)和水质(ECOLAB)3 个模块。模型通过整合垂直方向上的质量和动量守恒预测区域内矩形网格内水位和流量的变化；可以模拟影响水流参数的各种因素，例如降水、蒸散发、洪水、研究区水深等。

(5)HEC-HMS 是专门为模拟高度城市化和自然流域而开发的基于物理的开源降雨径流模型，能够模拟连续性降雨和孤立性降雨事件；同时，也可用来绘制洪水灾害图、预测干旱并评估水资源可用性；能够充分模拟未测量流域的水流、分析水资源开发和管理径流过程。

(6)WEAP(water evaluation and planning, 水评价与规划)模型基于水量平衡，可以模拟径流、水资源系统和供给模拟系统的相关要素。模型中水文模拟有多种方法，例如土壤湿度法、简化系数法、WEAP-植物生长模型(WEAP-PGM)法。模型同时也是全球综合水资源管理工具，具有全面性、简洁性和用户友好性，被广泛使用。

(7)区域水文生态模拟系统(regional hydro-ecological simulation system, RHESSys)是基于分布式物理过程的生态水文模型，由生态和水文模型耦合而成。RHESSys 使用 TOPMODEL 计算网格和流域出口的总流量，使用可变源面积概念生成流，模型预测包括河流流量、地表流量、地下流量和流域的地下水位深度；显示汇流模型基于分布式水文土壤植被模型(distributed hydrology-soil-vegetation model, DHSVM)并对其修改，以适应非网格斑块和非指数型投射性分布，产生的地表径流按照饱和地下侧向径流的相同网格拓扑结构汇流。

10.3 案例：水文过程与突发水污染过程模拟

10.3.1 长江流域地表水文过程模拟

10.3.1.1 问题来源

长江是我国最长的河流，发源于青藏高原的唐古拉山脉，横跨中国东、中和西部经济地带，受东亚夏季风和南亚夏季风的影响，呈现复杂而独特的降水模式和区域气候特征，也具有明显的季节性，夏季和秋季降水占全年降水的一半以上。随着气候变化和人类活动的影响，长江流域的水资源管理面临着日益复杂的挑战。为实现科学的水资源调度与管理，需要对流域内的水文过程进行精确模拟。本书以 VIC 模型模拟长江流域的地表水文过程为例，旨在揭示流域内水文循环的变化特征，为水资源管理提供数据支持。

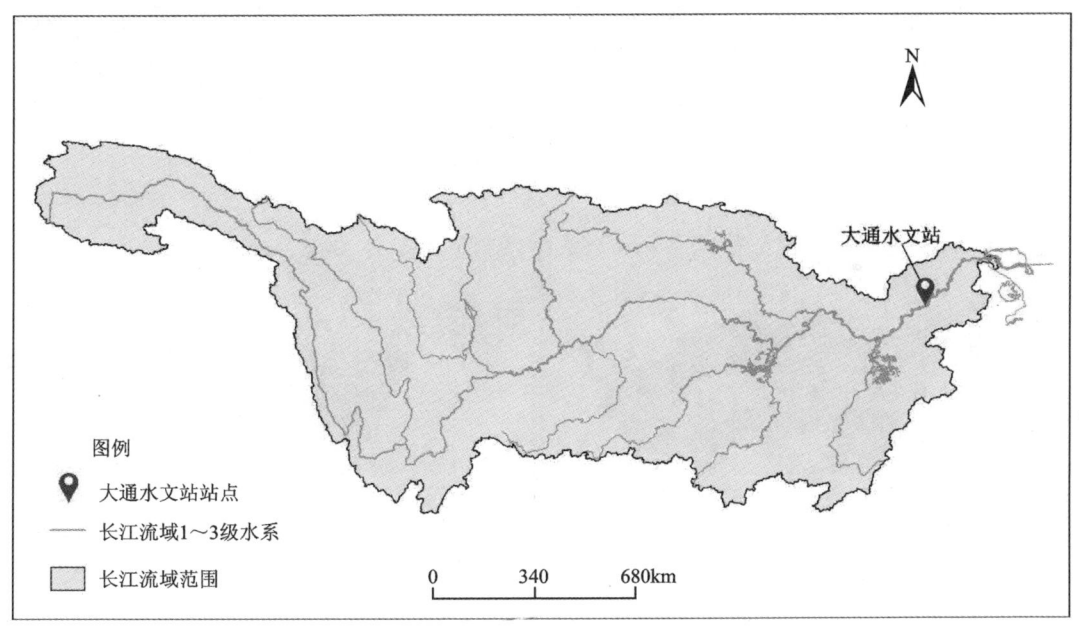

图 10-1 长江流域概况图

10.3.1.2 技术方案

VIC 模型作为一种广泛应用的水文模型，可以有效地模拟流域的降水、蒸散发、径流等水文过程。以长江流域为研究区域，利用 VIC 模型按照 0.5°×0.5°空间分辨率将其划分为 720 个网格，对大通水文站 2007—2020 年进行月尺度流量模拟（模型率定期为 2007—2014 年，验证期 2015—2020 年），并以纳什效率系数（Nash-Sutcliffe efficiency coefficient，NSE）和克林-古普塔效率系数（Kling-Gupta efficiency coefficient，KGE）评估模拟性能，得到大通水文站 2007—2020 年的月尺度流量模拟结果，并分析其趋势变化。

10.3.1.3 建模过程

在利用 VIC 模型进行模拟长江流域大通水文站点的流量过程中,需要收集长江流域 2007—2021 年月尺度的气象数据(包括气温、降水、风速等变量)、水文数据(如流量观测数据、流域边界、水文站点、流向、子流域等)、土壤类型及特性数据、地表土地覆盖类型数据及数字高程数据等。为确保数据的准确性与一致性,需要对数据进行预处理,涉及栅格数据重采样、数据缺失值填充等。建立流量模拟过程中所用的工具包括 ArcGIS、VMware Workstation Pro、VIC 模型、Python 等。

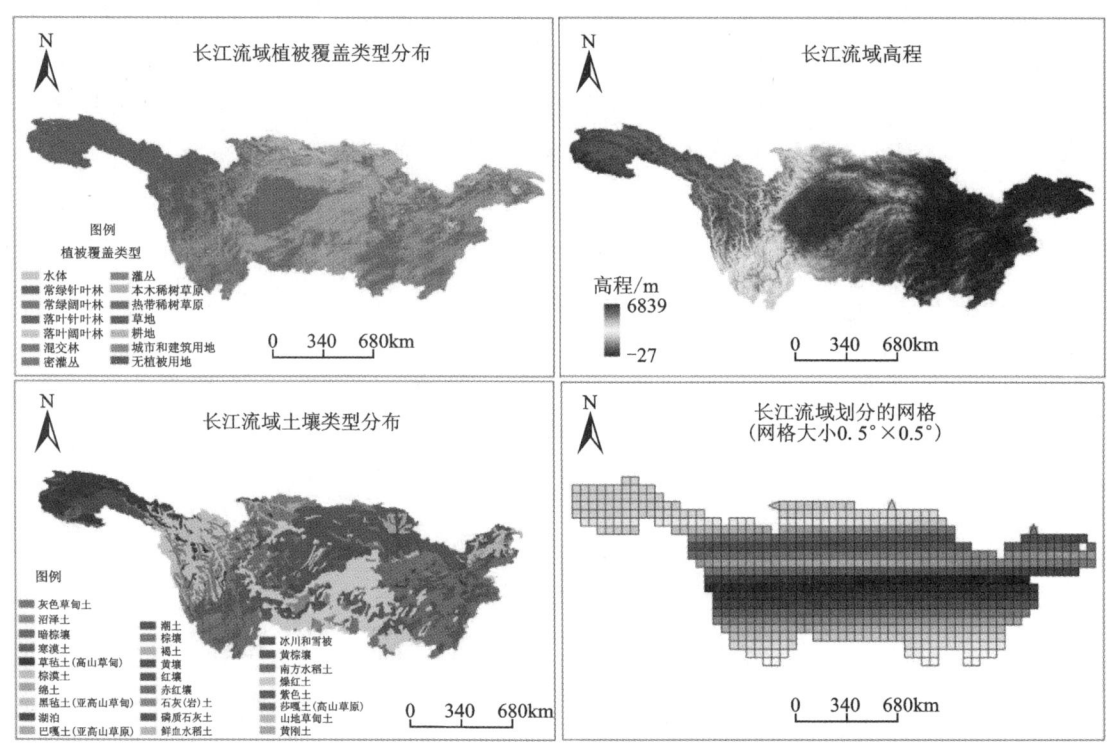

图 10-2　长江流域部分数据集

由于 VIC 模型是一个基于 Linux 平台研发、控制台输入指令的开源模型,因此需要通过配置虚拟机环境,安装并运行 VIC 模型,确保模型的正常运行。

VIC 模型的整个建模过程包括数据准备、模型初始化、运行、校准与验证、结果分析等关键步骤。这些步骤环环相扣,确保模型能够准确模拟流域内的水文过程。

模型初始化包括定义土壤、气象等要素的模型参数,设置模型时间步长;时间步长越短,模拟精度越高,但计算复杂度也会增加。模型校准与验证包括调整模型参数(如土壤饱和导水率、渗透参数等),使模拟结果与实测数据尽可能吻合,即模型率定,最后需要对模型模拟结果结合实测数据等评估结果误差,以评价模型的模拟精度。案例以长江流域 2007—2015 年的径流数据作为率定数据集,2016—2021 年的径流数据作为模型模拟精度的验证数据集。VIC 模型的模拟精度不仅受各个参数文件的影响,还受模型参数的影响。参数的率定过程是模型建立的重要过程，VIC 模型主要包含 8 个水文参数，需要对其中的 6 个参数进行率定，分别是可变下渗容量曲线参数 B、最大基流流速 D_{max}、非线性基流流速 D_s、非线性基流发生时的含水量 W_s、第二层和第三层土壤厚度 d_2 和 d_3。剩余两个参数，即非线性增长指数 c 以及第一层土壤厚度 d_1，一般取值分别为 2 和 0.1。

由于流域网格较多，运行一次模型耗时较长，自动化率定参数比较难以实现，率定可采取手动率定的方式。根据各参数的敏感性进行粗调参数，先看多年平均冬季实测流量与模拟流量值调整 D_s、D_{max} 和 d_3，看退水过程调整 W_s 值，使模拟基流值尽量接近实测值；再根据峰值变化调整 B 值，使得模拟月径流峰值与相应实测值接近；最后调整 d_2，尽可能让径流量模拟值与观测值接近。案例选取了反映拟合程度的纳什效率系数 NSE、克林-古普塔效率系数 KGE 进行参数率定和验证。

10.3.1.4 结果分析

1. 水文要素的空间分布特征

图 10-3 为某日蒸散发量的空间分布特征。从图 10-3 中可以看出，蒸散发量的分布呈现出明显的空间异质性，蒸散发量由东南向西北递减的趋势。总体来看，蒸散发量的空间分布特征与植被类型和土地利用类型密切相关，低植被覆盖或城市化区域则蒸散发量较低。地表径流的高值区集中在长江流域的中部，呈现出西北向中部、东南向中部递增的趋势。VIC 模型模拟的土壤湿度空间分布揭示了土壤水分在垂直和水平方向上的变化规律（图 10-4）。从表层到深层，土壤湿度总体呈现逐渐增加的趋势。表层湿度受降水和蒸散发作用影响较大，变化较快；中层湿度受植物根系活动和土壤保水能力影响；深层湿度则主要受降水和地下水补给作用影响，变化较慢。

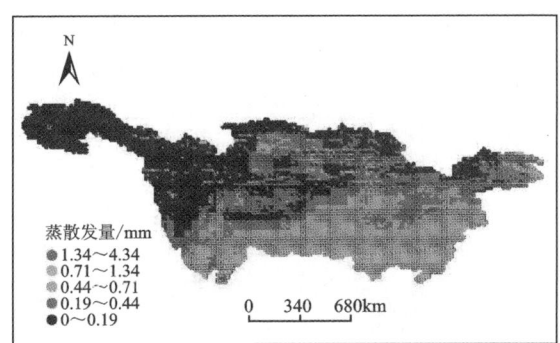
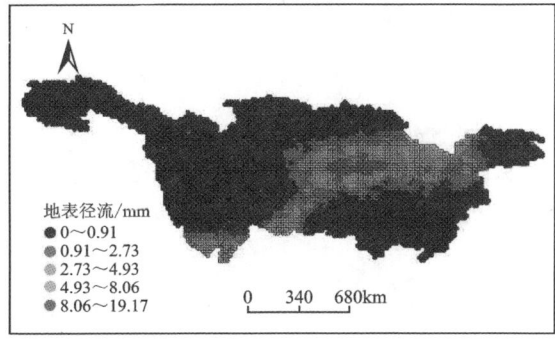

图 10-3　VIC 模型模拟的长江流域某日蒸散发量、地表径流

2. 径流的趋势变化

图 10-5 为长江流域大通站率定期和验证期模拟和实测月尺度流量图。从图 10-5 中可以看出，VIC 模型能够较好地模拟出长江流域大通站流量长时间序列变化过程，尤其是洪峰出现时间和退水时间，基本都与观测过程保持一致。在洪峰流量的模拟方面，模拟流量大部分时间都小于观测流量，2020 年 7 月的模拟径流量远大于观测流量。同时，模型在枯水期的模拟效果优于丰水期的模拟效果。通过比较 NSE 值和 KGE 值，率定期的模拟效果优于验证期。

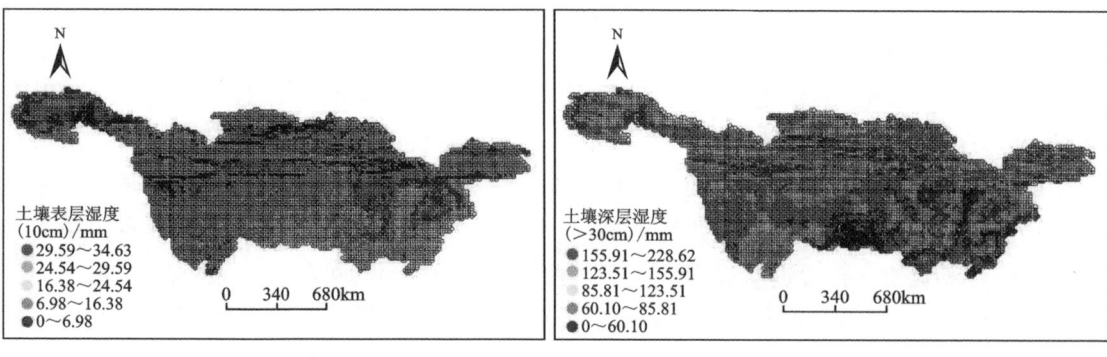

图 10-4　VIC 模型模拟的长江流域某日浅层和深层土壤湿度空间分布图

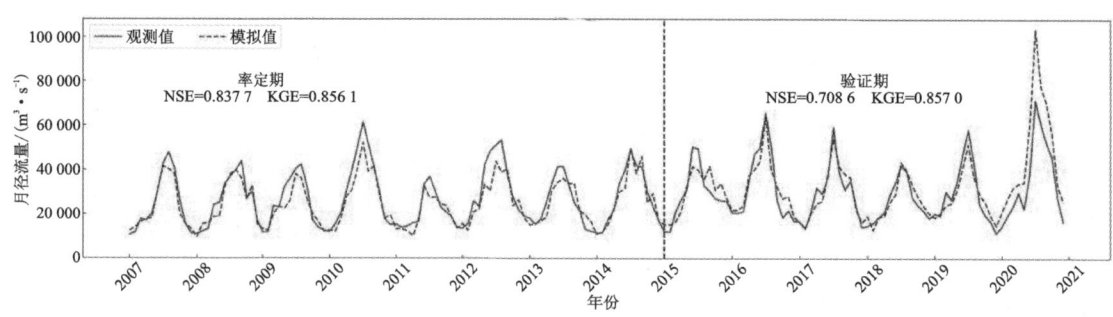

图 10-5　长江流域大通站月流量模拟结果

图 10-6 为大通站率定期和验证期月尺度观测流量和模拟流量散点图和趋势线。从图中可以看出,绝大部分散点都比较均匀地分布在趋势线两侧,表示流量模拟值和观测值吻合程度较高。但是在图(b)中,有一个散点偏离程度较大,与 2020 年 7 月情况保持一致。对比率定期和验证期散点图,发现率定期散点分布更加均匀,同上文率定期模拟效果优于验证期结论一致。

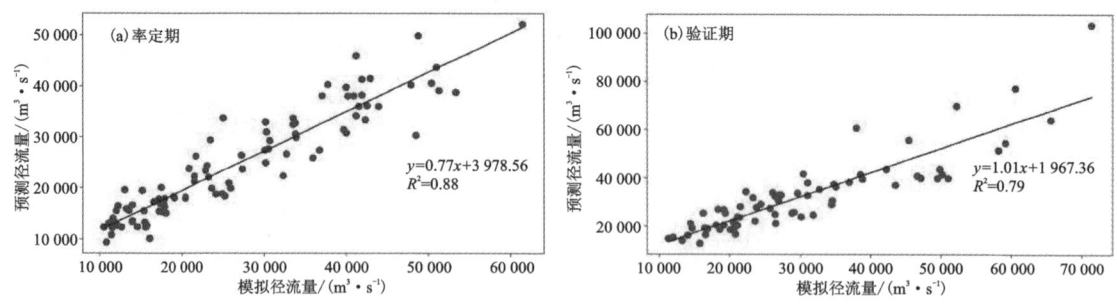

图 10-6　长江流域大通站月尺度流量散点图和趋势线

10.3.2　三峡库区突发性水污染事故模拟

10.3.2.1　问题来源

流域水环境风险评估与预警是提高国家防灾减灾能力的重要内容,是确保水环境安全的前提与基础,长期以来受到国内外政府、环境保护研究部门的广泛关注。随着我国经济建设的快速发展,我国水环境风险隐患不断增加,与之相随的突发水污染事故、水华、生态破坏等一系列水环境风险在众多流域频频发生。为了实现突发性事故预警和控制问题的根本解决,系统认识流域水环境系统特征,进行突发性水环境风险预测模型的研究和应用,对于有效地提高突发性水环境污染事故风险预警水平,具有十分重要的意义。本案例通过构建三峡库区近坝区的突发水环境事件风险评估和预警模型,面向溢油、危险化学药品泄漏等事故进行模拟,评估突发事故对坝区水环境的影响,为应急处置决策提供支持。

10.3.2.2 技术方案

三峡坝区突发水污染事故风险预警模型的构建是在对流域突发性水污染事故中,污染物在水体中的迁移转化相关原理技术分析的基础上,进行模型的需求分析;以满足需求为目标,开展模型的开发和构建;进而针对典型污染物的属性和处置方式,进行研究和建库,以支撑应急决策的需要;主要技术方案如图10-7所示。

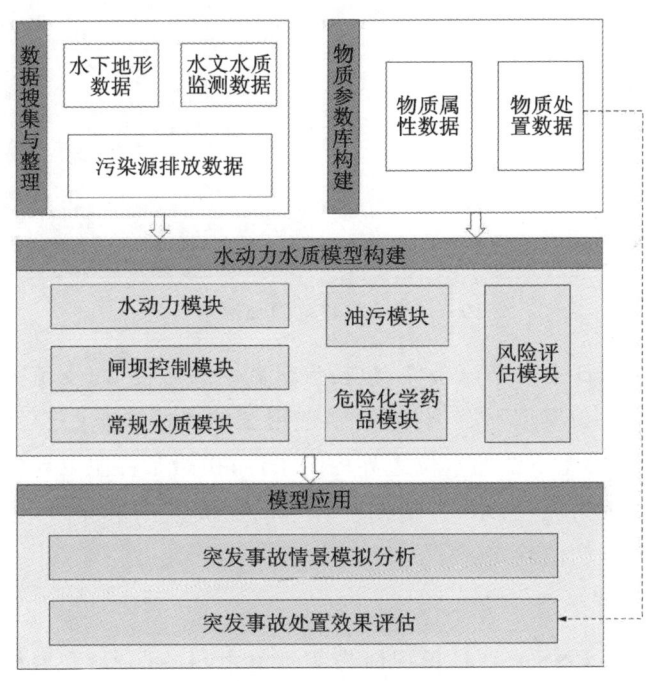

图 10-7 技术路线

10.3.2.3 建模过程

1. 数据收集与处理

水下地形数据:采集三峡库区水下地形数据,可以为实测的水下地形点数据也可以为河道大断面数据,通过 GIS 软件对数据进行处理(插值、等深线生成)后,得到连续的水下地形数据。

流量/水位数据：拟模拟区域的上游来流流量数据和三峡水库的下泄流量数据或三峡大坝区域的水位实测数据，时间尺度为小时或者日。

支流入汇数据：拟模拟区域的支流入汇流量、入汇污染物浓度等数据，时间尺度为小时或者日。

突发事故数据：记录事故发生的具体时间（年、月、日、时）和地理位置（经纬度、行政区划、河流名称及位置等）以及突发事故过程中泄漏的污染物名称、性质和排放量数据。

2. 模型构建

模型选取：选择 EFDC 模型，进行本次事故的模拟计算。

模型网格划分：选取位于秭归县和夷陵区的三峡库区坝区段共计 62.3km 河段，建立三维垂向分层模型，划分形成 13 775 个网格，如图 10-8 所示。

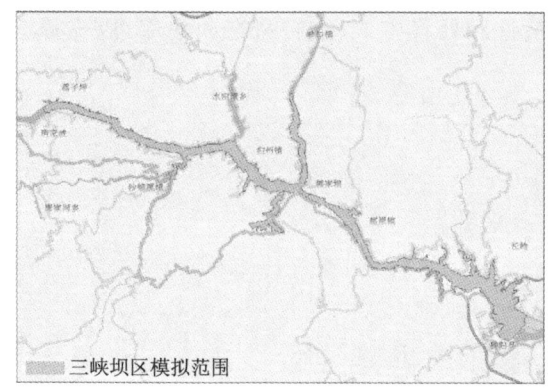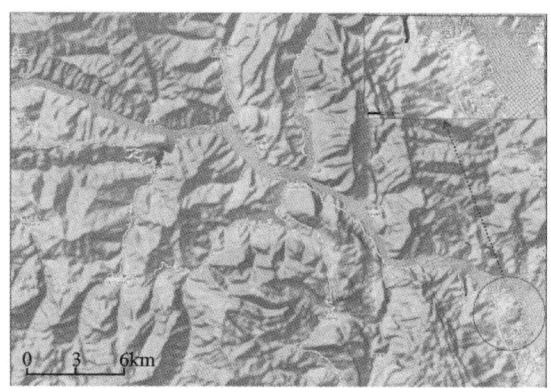

图 10-8 模型构建范围和网格划分

初边界条件处理：长江上游来流条件，包括流量和水质浓度等；支流入汇仅考虑香溪河的入汇；河段下游水位变化为模型下游边界条件，选用三峡库区巴东（三）测站的水位作为三峡坝区下游实测数据作为模型下游的水位边界控制条件；初始条件主要包括水文初始值和水质初始值，水文初始值主要为流速、水位，根据计算时的实测数据情况给定；对于没有实测的物质和油污等物质，按照 0 初值给定。

3. 模型率定验证

使用决定系数 R^2 和 ENS 来评估模拟值与实测值之间的误差，开展模型的率定验证。一般地，R^2 和 ENS 的值越大，表示模型拟合效果越好。本案例开展突发事故的模拟，需要对流量、水位和水质浓度进行率定和验证。

4. 模型情景设定

设定 2022 年 1 月某日，在三峡库区 255 省道李家咀附近位置，突发追尾交通事故，导致被追尾满载槽罐车 29.5t 丙烯醛发生泄漏，从 E110.733612°、N30.94626°处汇入库区。设定事故为连续恒定排放模式，排放时间为 0.72h（0.31～0.34d），排放曲线如图 10-9 所示。

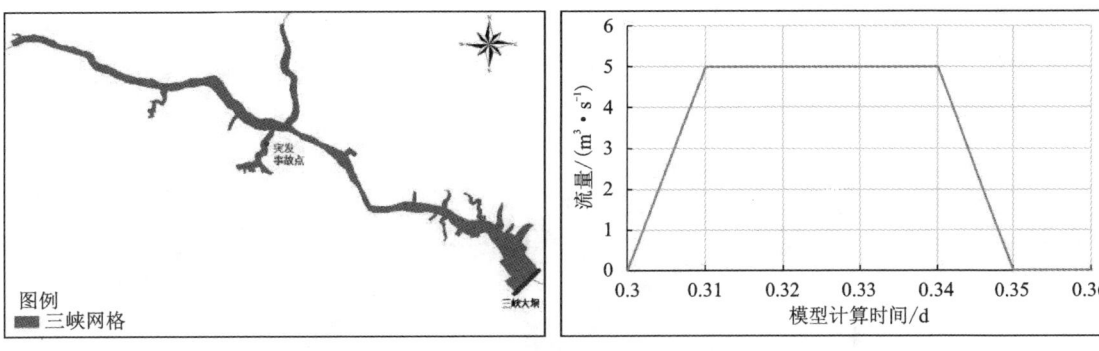

图 10-9 突发事故点和排放过程

10.3.2.4 结果分析

1. 事故后水动力过程

污染物在下游的迁移演进过程,受水动力条件的影响。分析突发事故发生后,研究范围内的水动力变化情况,如图 10-10 所示。

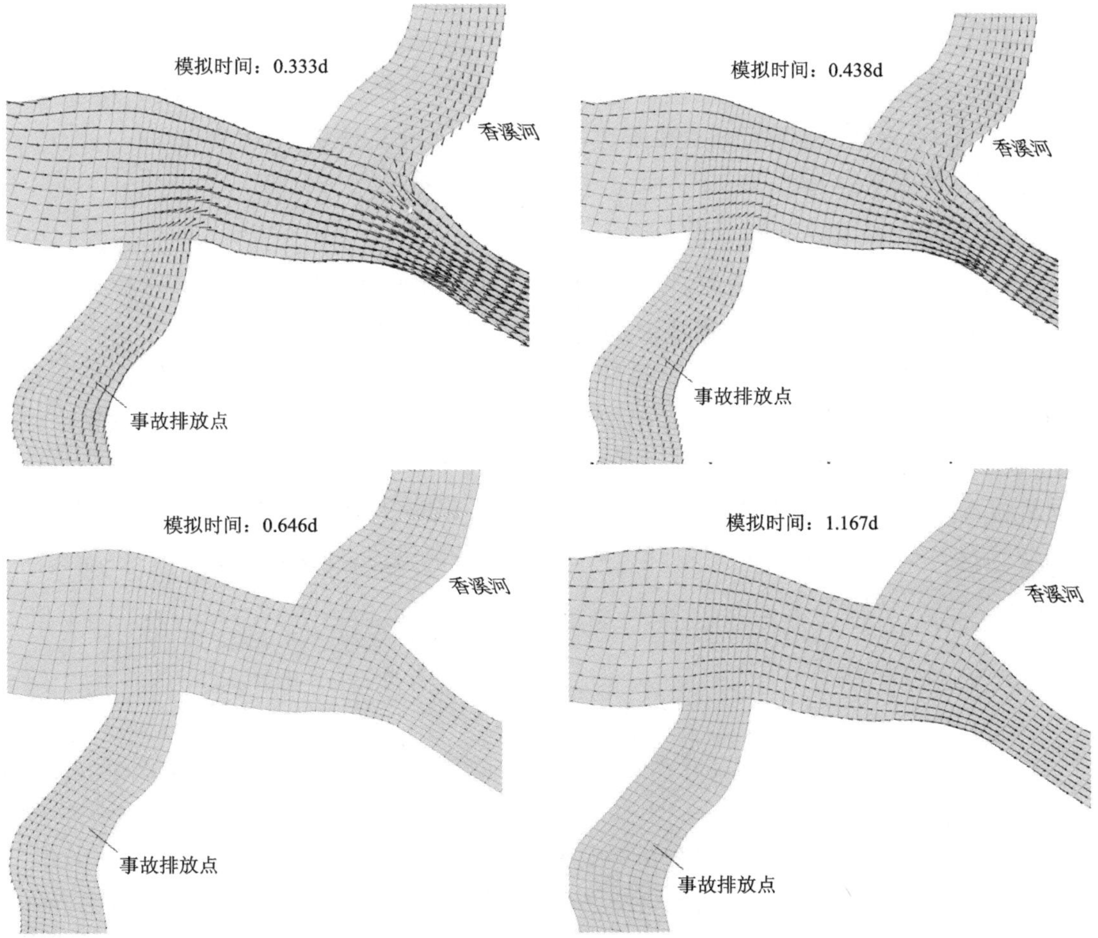

图 10-10 水动力过程

2. 事故后浓度变化过程

事故发生后,污染物随着扩散、降解等过程在水体中迁移,污染物浓度变化过程如图 10-11 所示。

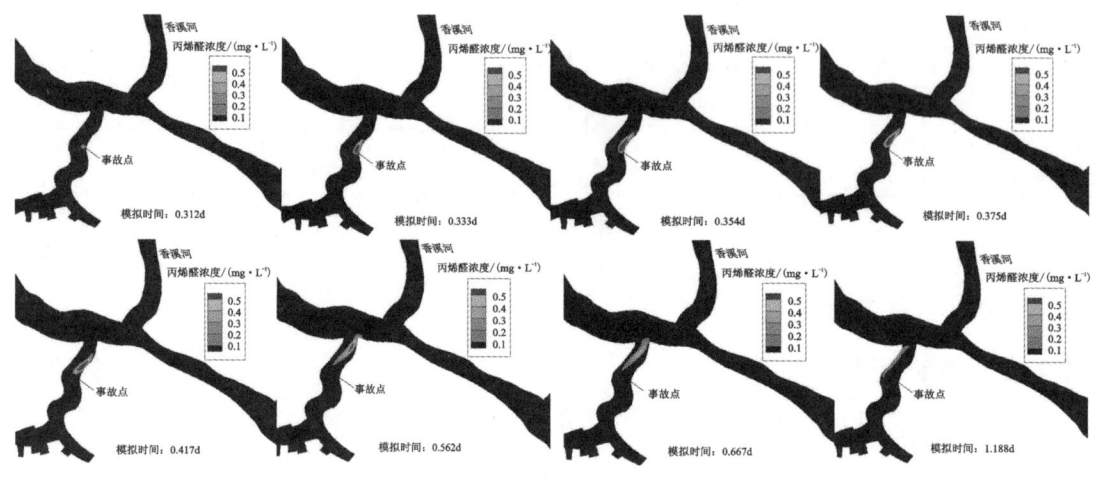

图 10-11　污染物浓度分布图

从图 10-11 中可以看出,在排放时间 0.31～0.34d 的影响下,超标污染带从 0.312d 开始出现并逐渐增加,到 0.354d 最高浓度位置在事故点附近。随后,由于事故点不再排放,超标污染带开始运移,最高污染浓度位置逐渐远离事故点。在迁移过程中,污染带面积不断增加,但最高点浓度逐渐减少,最后在 0.875d,不再出现超标 5 倍的污染位置。

3. 事故后预警等级过程

根据突发性水污染风险的预警评估模型,采用超过标准值 1 倍或以内的,按照二级风险预警;超过标准值 1 倍的,按照 1 级预警,则预警区域分布如图 10-12 所示。

从图 10-12 中可以看出,在突发事故后 1d 后,区域内不再出现一级预警等级区域,一级预警等级区域主要出现在事故发生后 0.012～1d 之内。且在事故发生 1d 后,二级预警区域主要出现在事故点以西的对岸区域,事故发生处无突发事故预警等级区域;在事故发生 1.7d 后,所有位置将不再出现预警区域。本次发生的突发事故,不会在长江干流内产生一级预警区,但会波及事故发生点位置下游 2.5km 和 0.5km^2 的范围内,持续时间长达 1.7d,需要在突发事故位置开展拦截等处理方式。

扩展与思考

(1) 基本理论中提到的时空过程模拟的核心理论是什么?如何理解时空过程在地理学中的重要性?

(2) 地表过程概念中,地表过程包括哪些主要组成部分?这些组成部分如何相互作用?

(3) 选择一个流域,描述其中的主要地表过程,并讨论这些过程如何影响当地生态和人类活动。

图 10-12　事故预警等级过程

(4) 极端天气(如干旱、暴雨)频率增加将如何影响全球地表水文过程？试从气候、社会和生态的角度分析。

(5) 如果要研究土壤类型对径流量的影响，该如何设计哪些实验？需要收集哪些关键数据？

(6) 典型地表水循环过程模型和工具中，分布式水循环过程模型与概念式水文模型的主要区别是什么？各自的优缺点是什么？

(7) 降水-截留过程模拟中，截留过程对地表水循环有哪些影响？如何在实际模拟中考虑这些影响？

(8) 典型地表水环境过程模型和工具中，选择合适的水环境过程模型时，应该考虑哪些标准？

主要参考文献

边馥苓,杜江毅,孟小亮,2016.时空大数据处理的需求、应用与挑战[J].测绘地理信息,41(6):1-4.

边坤,梁慧,2023.基于机器学习的图案分类研究进展[J].图学学报,44(3):415-426.

陈东,2021.时空大数据的分析方法与应用前瞻[M].北京:社会科学文献出版社.

陈彦光,2009.基于Moran统计量的空间自相关理论发展和方法改进[J].地理研究,28(6):1449-1463.

陈正府,刘美新,蔡晓梅,2023.关系地理学的知识谱系、研究范式与启示[J].地理科学,43(6):972-980.

崔迪,郭小燕,陈为,2017.大数据可视化的挑战与最新进展[J].计算机应用,37(7):2044-2049,2056.

邓敏,蔡建南,杨文涛,等,2020.多模态地理大数据时空分析方法[J].地球信息科学学报,22(1):41-56.

邓敏,刘启亮,王佳璆,等,2012.时空聚类分析的普适性方法[J].中国科学:信息科学,42(1):111-124.

丁永建,周成虎,邵明安,等,2013.地表过程研究进展与趋势[J].地球科学进展,28(4):407-419.

董昊文,张超,李国良,等,2024.云原生数据库综述[J].软件学报,35(2):899-926.

董亮亮,2018.时间序列分析的研究与应用[D].天津:天津科技大学.

杜鹏,赵秉钰,孙粒,等,2023.新时代科研范式变革的内涵及应对[J].中国科学院院刊,38(7):991-1000.

何立志,2018.基于Hadoop平台的时空数据索引和查询技术研究[D].西安:西安电子科技大学.

何珍文,2009.泛型聚类排序3DR树批量构建算法[J].地理与地理信息科学,25(3):12-15.

蒋叶林,2021.基于HBase数据库的时空大数据存储与索引研究[D].昆明:昆明理工大学.

李德仁,马军,邵振峰,2015.论时空大数据及其应用[J].卫星应用(9):7-11.

李国杰,2024.智能化科研(AI4R):第五科研范式[J].中国科学院院刊,39(1):1-9.

李海涛,邵泽东,2019.空间插值分析算法综述[J].计算机系统应用,28(7):1-8.

主要参考文献

李杰,2015.地理观测数据时空可视化方法研究[D].天津:天津大学.

李强,2023.物理引导深度学习的降雨径流预测[D].武汉:中国地质大学(武汉).

刘纪平,董春,亢晓琛,等,2019.大数据时代的地理国情统计分析[J].武汉大学学报(信息科学版),44(1):68-76,83.

刘鹏,2021.面向数据空间的分布式索引构建方法研究[D].哈尔滨:哈尔滨工程大学.

骆昱宇,秦雪迪,谢宇鹏,等,2024.智能数据可视分析技术综述[J].软件学报,35(1):356-404.

潘玉君,2017.地理科学研究综合范式理论[J].地理教育(10):3.

宋长青,2016.地理学研究范式的思考[J].地理科学进展,35(1):1-3.

苏敏章,2018.基于Spark的时空数据查询与分析关键技术研究[D].西安:西安电子科技大学.

王广钰,2017.基于Hadoop的时空大数据的分布式检索方法[D].北京:中国科学院国家空间科学中心.

王家耀,武芳,郭建忠,等,2017.时空大数据面临的挑战与机遇[J].测绘科学,42(7):1-7.

王劲峰,廖一兰,刘鑫,2025.空间数据分析教程[M].2版.北京:科学出版社.

王劲峰,徐成东,2017.地理探测器:原理与展望[J].地理学报,72(1):116-134.

杨寅群,李子琪,康瑾,等,2023.基于地理探测器的流域水污染影响因子分析[J].环境科学与技术,46(S1):176-183.

余东行,石光益,周玉坤,等,2024.遥感影像场景分类研究进展[J].航天返回与遥感,45(4):124-138.

张丰,杜震洪,刘仁义,等,2022.时空大数据计算分析与应用[M].北京:科学出版社.

张林,汤大权,张翀,2010.时空索引的演变与发展[J].计算机科学,37(4):15-20,26.

张孟丹,余钟波,谷黄河,等,2021.无定河流域降水量空间插值方法比较研究[J].人民黄河,43(4):30-37,99.

张雅新,2023.基于计算机视觉的近海养殖区识别模型与监测系统[D].武汉:中国地质大学(武汉).

郑祖芳,2014.分布式并行时空索引技术研究[D].武汉:中国地质大学(武汉).

中国信息通信研究院,2023.数据要素白皮书(2022年)[R].北京:中国信息通信研究院.

中国信息通信研究院,2024.数据要素白皮书(2023年)[R].北京:中国信息通信研究院.

周立甲,2022.面向时空大数据的组合索引和检索方法研究[D].大连:大连海事大学.

朱长青,史文中,2006.空间分析建模与原理[M].北京:科学出版社.

ABDEVEIS S, SEDGHI H, HASSONIZADEH H, et al., 2020. Application of water quality index and water quality model QUAL2K for evaluation of pollutants in Dez River, Iran[J]. Water Resources, 47:892-903.

ANDRIENKO G, ANDRIENKO N, BAK P, et al., 2011. A conceptual framework and taxonomy of techniques for analyzing movement[J]. Journal of Visual Languages & Computing, 22(3):213-232.

ARNOLD J G, MORIASI D N, GASSMAN P W, et al. , 2012. SWAT: Model use, calibration,and validation[J]. Transactions of the ASABE,55(4):1491-1508.

BAI H, CHEN Y, WANG Y G, et al. , 2021. Contribution rates analysis for sources apportionment to special river sections in Yangtze River Basin[J]. Journal of Hydrology, 600:126519.

DALY C,2006. Guidelines for assessing the suitability of spatial climate data sets[J]. International Journal of Climatology,26(6):707-721.

GEBREHIWOT S G, SEIBERT J, GÄRDENÄS A I, et al. , 2013. Hydrological change detection using modeling: Half a century of runoff from four rivers in the Blue Nile Basin [J]. Water Resources Research,49(6):3842-3851.

GUO Y Q, WANG Y G, CHEN X L, et al. , 2021. Zoned strategy for water pollutant emissions of China based on spatial heterogeneity analysis[J]. Environmental Science and Pollution Research,28:763-774.

GUTTMAN A, 1984. R-trees: a dynamic index structure for spatial searching[C]// YORMARK B. Proceedings of the 1984 ACM SIGMOD International Conference on Management of Data, June 18-21, 1984, ACM, Boston, MA. New York: Association for Computing Machinery:47-57.

HE K M, ZHANG X Y, REN S Q, et al. , 2016. Deep residual learning for image recognition[C]//2016 IEEE Conference on Computer Vision and Pattern Recognition (CVPR),June 27-30,2016,IEEE,Las Vegas,NV. Piscataway,NJ:IEEE:770-778.

HUTTON J, 1899. Theory of the earth: with proofs and illustrations[M]. London: Geological Society.

LINDSTRÖM G,JOHANSSON B,PERSSON M,et al. ,1997. Development and test of the distributed HBV-96 hydrological model[J]. Journal of Hydrology, 201 (1/2/3/4): 272-288.

MAYER-SCHÖNBERGER V, CUKIE K, 2013. Big data: A revolution that will transform how we live, work, and think[M]. Boston, MA, USA: Houghton Mifflin Harcourt.

MCAFEE A, BRYNJOLFSSON E, DAVENPORT T H, et al. , 2012. Big data: The management revolution[J]. Harvard Business Review,90(10):60-66.

NALDER I A, WEIN R W, 1998. Spatial interpolation of climatic Normals: Test of a new method in the Canadian boreal forest[J]. Agricultural and Forest Meteorology,92(4): 211-225.

O'CONNELL P E, TODINI E, 1996. Modelling of rainfall, flow and mass transport in hydrological systems:An overview[J]. Journal of Hydrology,175(1/2/3/4):3-16.

ROWLEY J,2007. The wisdom hierarchy:Representations of the DIKW hierarchy[J]. Journal of Information Science,33(2):163-180.

主要参考文献

VANHECK E, 2020. Big data and disruptions in business models[J]. Revista de Administração de Empresas, 59(6): 430-432.

WANG Y G, LI Q, ZHANG W S, et al., 2021. The architecture and application of an automatic operational model system for basin scale water environment management and design making supporting[J]. Journal of Environmental Management, 290: 112577.

WANG Y G, YANG Y Q, CHEN X L, et al., 2018. The moving confluence route technology with WAD scheme for 3D hydrodynamic simulation in high altitude inland waters [J]. Journal of Hydrology, 559: 411-427.

WANG Y G, ZHANG W S, ZHAO Y X, et al., 2016. Modelling water quality and quantity with the influence of inter-basin water diversion projects and cascade reservoirs in the middle-lower Hanjiang River[J]. Journal of Hydrology, 541(Part B): 1348-1362.

WANG Y G, ZHANG Y X, CHEN Y, et al., 2022. The assessment of more suitable image spatial resolutions for offshore aquaculture areas automatic monitoring based on coupled NDWI and mask R-CNN[J]. Remote Sensing, 14(13): 3079.

XIE L Z, ZHAO Y X, FANG P, et al., 2025. A novel operational water quality mobile prediction system with LSTM-Seq2Seq model[J]. Environmental Modelling & Software, 185: 106290.